光通信物語

夢を実現した男たちの軌跡

渋谷　寿　著

オプトロニクス社

光通信物語

―夢を実現した男たちの軌跡―

光通信物語

―夢を実現した男たちの軌跡

渋谷　寿　著

序　光通信の時代がやってきた

一九八五（昭和六〇）年二月八日、北海道と九州を結ぶ光回線が開通した。

その日の夕刊に〝光ケーブル、列島縦貫〟という見出しで次のような記事が載っている。

「電電公社が高度情報通信システム（ＩＮＳ）の骨格として、約六五〇億円をかけて建設を進めていた『日本縦貫光ケーブル伝送路』完工式が八日午前一一時から、東京・大手町統制電話中継所で行われた。完成した縦貫伝送路は北海道の旭川から鹿児島まで総延長三四〇〇キロ。一度に電話約七万回線分の情報を送ることができる。光ケーブルの通信路として世界最長、最大容量の『通信ハイウエー』だ。光通信時代の幕開けといえる」（同年二月八日付朝日新聞夕刊）。

僅か数十行の記事であったが、内容は歴史に残るニュースであった。

日本で最初の光回線は、それより三年三ヵ月ほど前の一九八一年一一月、千葉市とその郊外の間で開通した。以後主要都市間のほとんど、地方都市間での八割近くが光回線で結ばれるようになり、ついに北海道の旭川と九州の鹿児島を結ぶ日本縦貫光ケーブルが完成したのである。

その時から二〇年近くが過ぎた。すでに各家庭にも光ファイバが入りつつある。

ＮＴＴの計画によれば、一般家庭に光ファイバが入るのは、二〇一〇年とか二〇一五年といわれていたが、実際にはだんだんとテンポが早まって、希望すれば直ぐにも引ける状態だという。ただし、一般家庭に光ファイバを引き込むことができても、光回線の持っている能力を十分に発揮できるには、もう少し時間が必要のようである。

現在の電話回線に代わって光ファイバが各家庭に入り、光ファイバによるシステムが完全に動作するようになると、電話回線のほかテレビ（地上波テレビ、衛星テレビ）だ、やれインターネットだ、CATVだなどと、サービス会社をどうする、接続をどうするなど、いちいち騒ぐ必要はなくなる。各家庭では、光ファイバ回線一本ですべてが片づくことになり、ユーザーにとっては何とも簡便な形になる。われわれを取り巻く情報通信の将来は、このような形に収斂していくに違いない。

これを可能にするのが光通信技術だ。

一本の光ファイバでは、理論的には数千万チャンネルのテレビを同時に送ることができるというパイプの太さをもっている。現在は数百チャンネルほどの処理能力だが、千単位、万単位のチャンネルを一度に処理することも可能になるであろう。

光通信（正確には光ファイバ通信）は、人類が二一世紀の文明社会へ送り込んだ、二〇世紀最大の発明の一つである。この光通信の端緒を切り開いたのが、二人の東洋人（日本人と中国人）であったということは意義深いことだ。ガラス棒の中を光を通す考えは古くからあったが、通信を想定した具体案を提示したのがこの二人であった。

日本は光ファイバ通信の最初の種を蒔いたばかりではなく、光伝送システムという大輪の花が咲くまで、光通信の実現に向けて大きな貢献をしてきた。一九七〇年代から一九八〇年代前半にかけて、光通信技術に対する日本の研究者、技術者の活躍はめざましく、現在光通信技術（ハードの面）では世界のトップにある。

光通信はこれから先も、どんどんその本領を発揮していくことになるが、まだその能力の何割かが使われているにすぎない。これからも研究者、技術者の挑戦はつづくと思われるが、光通信の全盛時代はこれから始まろうとしている。

さて、本書は光通信が具体化していく過程で、その節目となった技術開発を紹介していくものだが、その前に光通信とは何かということについて、簡単に紹介することから始めよう。

多くの人びとにとって、光通信といってもいままでとどう違うのか、はっきりしない。電話は勿論、ラジオやテレビそして携帯電話やインターネットまで、光通信が使われていると聞いてもピンとこない。実際のところ、光がどの部分で通信に使われているのか、人びとの目には見えないからだ。

いま私たちが使っている電話、テレビ、パソコンなどのいわゆる様々な情報機器類は、全て電気で動く。音声や映像そして種々のデータは、マイクやカメラ、キーボードなどで電気信号に変換され、伝送路を通して発信者から受信者に伝えられる。この伝送路は電波であったり、電話線であったり、もっと沢山の情報を通すことのできる光ケーブルであったりする。

人から人あるいはコンピュータ間での通信であっても、すべて電気の変化に換えられ、電気信号として伝送路を通り、受信先で元の姿に戻される。光通信の時代といっても、現代の通信は外部からみるかぎり、従来の電気通信と何ら変わりがないように見える。

では、光はどこで、どのように使われているのであろうか。

まず光通信の仕組みがどうなっているかを見ることにする（**図1**参照）。

通常情報の伝達は、情報の発信、その情報を伝える伝送路、情報の受信という三つから成り立っている。基本的には、人と人が喋りながらコミュニケーションをとるのと同じだ。情報の発信が喋ること、人と人との間の空間が伝送路、喋るのを聞くのが受信という形である。

いま仮にこの三つを〔発信側〕、〔伝送路〕、〔受信側〕としよう。さらに発信側は〔入力＋変調〕、受信側は〔復調＋出力〕と分けて考える。

これをまず従来の電気通信にそって説明する。

発信側の〔入力〕はマイクで入る音声、カメラで撮影する人や物の動き、光景、キーボードなどで入力されたデータなどを電気信号に変える部分だ。この電気信号を〔変調〕で伝送路に適合するキャリア

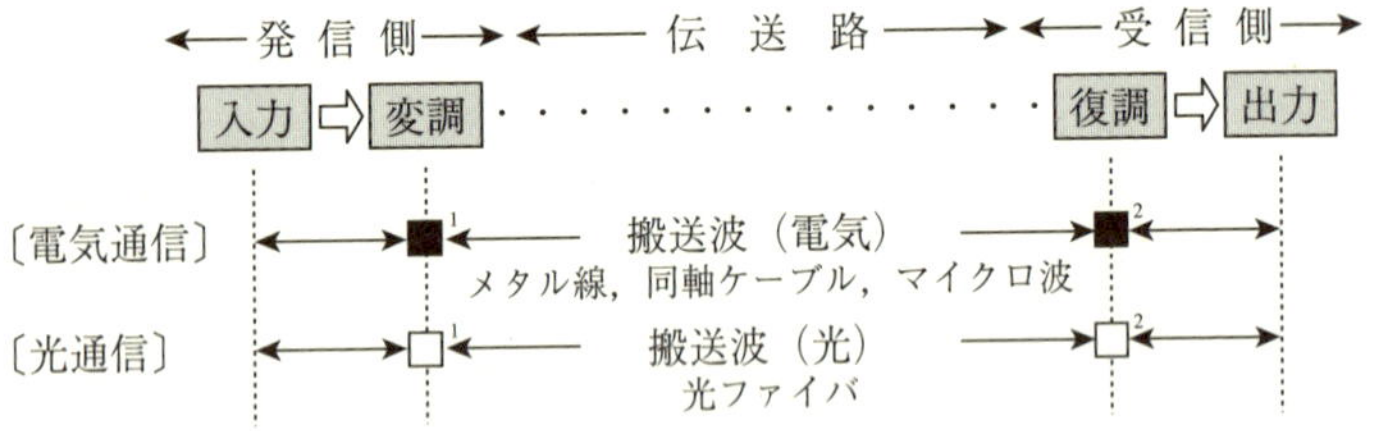

〔注〕電気通信：入力信号を■[1]の部分で搬送波に乗せ（変調），伝送路に送り出す。搬送波は複数の入力信号をまとめて同じ伝送路に乗せるため，より高い周波数の電波が使われる。受信側では■[2]の部分で搬送波から元の入力信号に戻す（復調）。

光通信：搬送波は光になる。□[1]のところで入力信号をレーザなどを使って光に換え，光ファイバに送り込む。受信側では□[2]で光から元の入力信号を取り出す。

変調前の入力信号と復調後の出力信号は，電気通信の場合も光通信の場合も同じである。

図1　電気通信と光通信との違い

という搬送波に乗せる変換を行う。受信側では送られてきた搬送波から、〔復調〕で元の電気信号に戻す。これを〔出力〕で発信側と同じ音声、人や物の動き、光景そしてデータに復元するという形になる。

では、光通信ではどうなるか。光通信でも基本の形は変わらない。

大きく異なるところは、伝送路に光ファイバを使うことである。このため発信側の〔変調〕と受信側の〔復調〕の部分が電気と光との変換点になる。〔変調〕で〔入力〕からの電気信号を光に変換する。光の発振源（光源）がレーザだ。

レーザが登場するのは、後から述べるように、レーザ光が通信にとって優れた特性を持っているからである。このレーザが電気通信での搬送波に相当する。受信側の〔復調〕では光検出器でレーザから元の電気信号を取り出す。

このように光通信では〔変調〕にレーザ光、伝送路として光ファイバ、〔復調〕に光検出器（光ディテクタ）が登場してくる。ここが電気通信と異なる点だ。

外から見ると両者の区別は分からないが、光通信では伝送路に光ファイバを使っていること、レーザなどでいったん光に変換したあとは、情報のやりとりはすべて光ということになる。回線網もすべて光ファイバケーブルによる光回線となり、光が通信の主役を務める。

回線系を見れば、まさに光通信であることが一目瞭然だ。これで、だいたい光通信の仕組みがお分かりになったと思う。

では、なぜ光通信が登場してきたのであろうか。

そもそも光通信は通信の原型として太古からあった。

狼煙や烽火で連絡する原始的な手法だ。古くはペルシャ戦役のころ、近くは西部劇で見られたシーンである。距離的には目で確認できる十キロメートル以内という範囲であったと思われる。

その後、光を直接やりとりするのではないが、遠距離通信用として、視認による通信が登場した。一八世紀の終わりごろから一九世紀の中頃まで、フランスなどで普及したシャップの腕木式通信（セマフォー）だ。

フランス革命の二年後、一七九一年、シャップ兄弟が腕木式通信機を発明した。

これは長さが四、五メートルという二枚の板を使って、これを人間の腕のように、肘の部分つまり真ん中で折り曲がる二本の腕木をつくり、その二本の腕木をロープで操作し、その組み合わせでアルファベットを表現、これで遠方にメッセージを送る形であった。

数キロメートルから一〇キロメートル先で読み取り、それをつぎつぎに伝えていく方法だ。情報の伝達能力は二分間で三百キロメートルを超えたという。

腕木式通信機は、一八世紀の末から一九世紀の前半にかけて、フランスを中心に普及した。ナポレオンなども大いに利用したといわれ、また腕木式通信の様子はアレクサンドル・デュマの名作「モンテクリスト伯」にも出てくる。

主人公のモンテクリスト伯爵が腕木式通信機の信号手を買収し、株式市場を混乱させる偽の情報を流させ、復讐相手に多大な損害を与えたという記述がある。デュマは「モンテクリスト伯」を一八四

○年代に執筆したとされているが、描かれている時代は一八一五年から三、四〇年の間のことで、腕木式通信がまだ盛んに使われていた頃の話だ。

この腕木式通信も電信機の登場によって、一九世紀の後半には姿を消した。さらに、海軍などにおける手旗信号や照明灯（信号灯）による通信法もあった。信号灯による通信は、光そのものを空間でやりとりして行う通信だ。

腕木式通信が最盛期を迎えていたころ、電気を使った通信が生まれつつあった。

一八世紀末にボルタによって電池が発明され、電流の発生が可能となったことで、一九世紀に入ると電線に電流を流して、それを断続することで通信を行うという試みが始まった。一八三七年、モールス電信機が発明され、電信技術が確立し、電信による通信が普及していった。

一八七六年にはグラハム・ベルが電話を発明、さらに一九世紀末、マルコーニによる無線電信が誕生した。二〇世紀に入ってからは真空管の発明で、電気信号の増幅が可能となり、遠距離通信の実現とラジオが普及した。

第二次世界大戦前後にはテレビが登場、その後もトランジスタの発明とコンピュータの発達で電気通信は全盛時代に入ったのである。

原始的な形で光をやりとりする通信から、電気通信へと発展してきた流れを簡単に振り返ってみたが、一九六〇年代になって、再び光を使った通信が提唱された。光を遠方に伝える方法として、ガラス線を使った光ファイバが登場したのである。光へと回帰したのは、光が大量の情報を瞬時に送ることができるという、その無尽蔵ともいうべき情報伝達能力からであった。

通信では伝送路のパイプの太さによって、瞬時に送ることのできる情報量が決まる。

グラハム・ベルが電話を発明したときは、一本の電線で電話一本分しか送れなかった。だが、その後の通信技術の発達で、一本の線で複数の電話を同時に使うことができるようになった。伝送路のパイプの収容能力を高めた結果だが、通信需要が増え、さらにデータ量の多い映像の伝送などで、パイプの太い伝送路がつぎつぎに求められるようになった。

パイプの太い伝送路とは、幅の広い大川のようなもので、大量の水を流すことができる。通信では高い周波数になればなるほど、この川幅が広くなるのだ。一方、通信需要は増加の一途をたどり、それに答える形で通信技術の研究者たちは、より沢山の情報を送ることができる広い周波数帯域を求め、高い周波数の開拓へと進んだのである。

高い周波数領域の開拓と共に、周波数の高い電波や電気信号を効率良く通すことのできる伝送路が必要になってきた。高周波伝送用の平行二線、マイクロ波などを伝送する同軸ケーブル、ミリ波を伝送できる導波管という伝送路が開発されていった。

だが、ミリ波伝送用導波管は使い勝手が悪かった。波長が短くなると、部品や共振回路もサイズが極小化し、回路構成も難しくなってきた。また伝送路としては曲げに極端に弱かった。高い周波数領域の開拓は、一九六〇年代に入り、ミリ波帯で足踏み状態となっていた。

一方、レーザが発明され、光通信に最適な光源が出現し、光通信の可能性が芽生えた。ここにきて光通信の伝送路として、ガラス線を使った光ファイバが提案されるようになった。光ファイバでは、はるかに大量の情報を高速伝送できる。まさに超大河川の登場であった。

光ファイバ通信の登場で、周波数の利用はミリ波からサブミリ波やテラヘルツ波を飛び越え、一気に光領域へと入ったのである。ここで、いわゆる電磁波の中で、現在の光ファイバ通信がどの位置にあるかを確認しておこう。**図2**を参照していただきたい。

　まず、光はマイクロ波やミリ波の延長線上にあって、電磁波の一種であるが、電磁波は図に示すように数百ギガヘルツのサブミリ波付近で電波

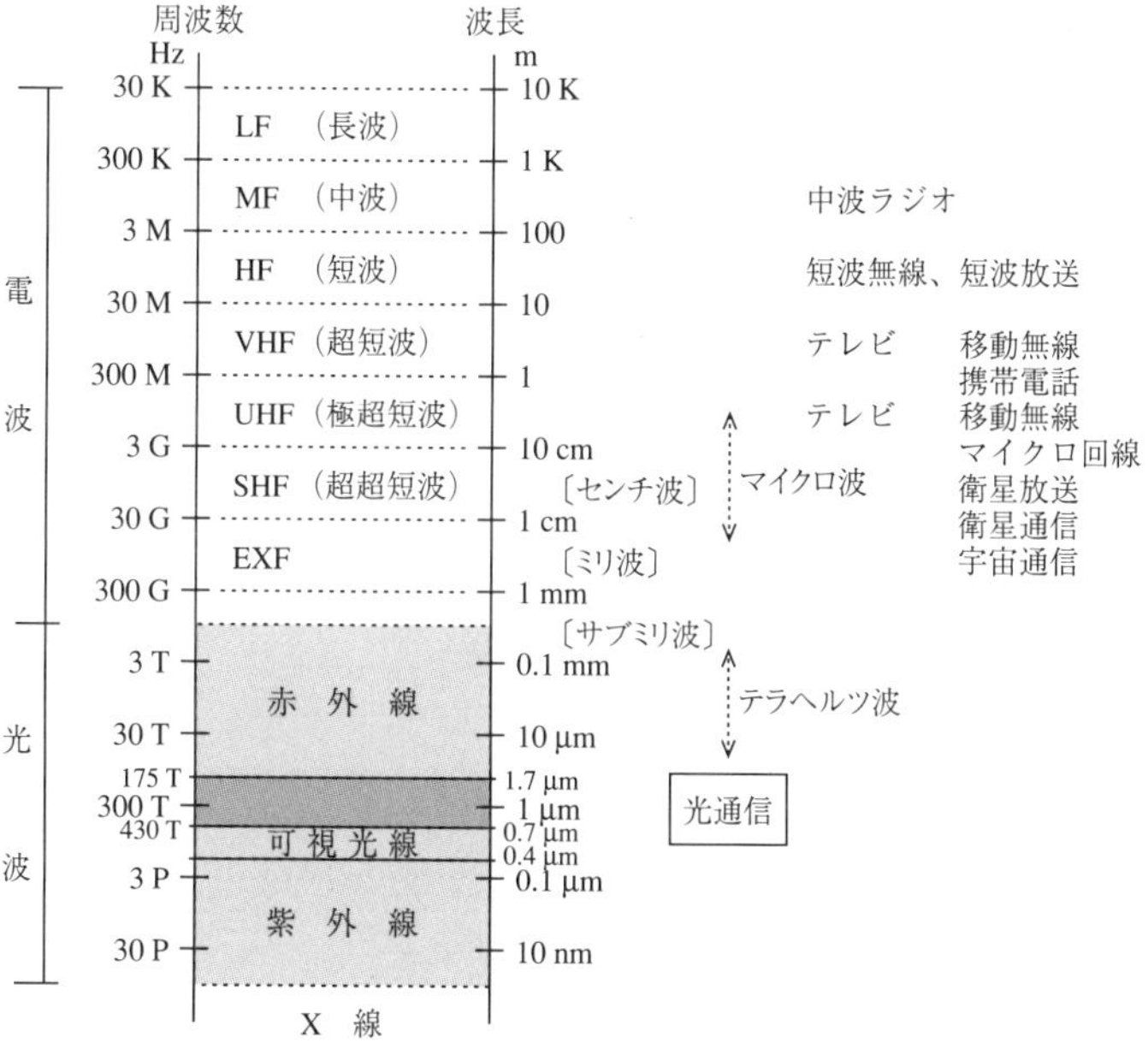

〔注〕(1) 周波数(Hz)×波長(m)＝光速度(3×10^8 m/s)
(2) 1 KHz(1キロヘルツ)＝1×10^3 Hz，1 MHz(1メガヘルツ)＝1×10^6 Hz
1 GHz(1ギガヘルツ)＝1×10^9 Hz，1 THz(1テラヘルツ)＝1×10^{12} Hz
1 PHz(1ペタヘルツ)＝1×10^{15} Hz
(3) 1 μm(1マイクロメートル)＝1×10^{-6}m，1 nm(1ナノメートル)＝1×10^{-9} m

図2　電磁波の区分けと光通信の位置

と光波に分かれる。電波は電気（電子）を主役とするのに対し、光は光子（粒子）であり、電波とは異なった性質を示すからだ。

光波は赤外線、可視光線、紫外線を含み、その領域は広い。この中で現在光通信に使われている場所は斜線で示した部分で、波長一・七マイクロメートル付近から可視光線との境目のほぼ〇・七マイクロメートル（0.7μm～1.7μm）までである。周波数でいえば一七五テラヘルツからほぼ四三〇テラヘルツ（175×10^{12}Hz～430×10^{12}Hz）ということになる。

ちなみに可視光線は〇・四マイクロメートルから〇・七マイクロメートル（0.4μm～0.7μm）をいう。だから光通信に使われている光は光波の中の僅かな部分で、ほとんどは可視光線ではなく、近赤外線領域に入る。

さて、光通信の仕組みで説明したように、光通信には電気信号を光に変換する発光素子（光源）、光を伝えていく光伝送路、受信した光を電気信号に戻す受光素子の三つが不可欠である。光源は通常のランプや発光ダイオードでもできないことはないが、これらの光源は光の周波数や位相がバラバラで、安定した通信は望めない。レーザが光通信の光源として最適な理由は、レーザのもつコヒーレンス性〔後述〕によるもので、コヒーレント光は周波数が均一で位相もそろったきれいな光波であるからだ。

通信技術は、速いスピードと大量情報の伝送という要請から、より広い周波数帯域が使える高い周波数領域の開拓へと進んだ。高い周波数、短い波長の電波になればなるほど大量の情報を早い速度で送ることができるからであった。

その要請に十分応えることのできる究極の波は光であった。光を使って通信、それも長距離通信を本気で考える人は、二〇世紀の中ごろまでいなかった。一九六〇年代に入り、光通信を提唱する人物が現れたのである。電気通信がミリ波のところで足踏み状態となっていたことから、光通信の可能性が示されたことで、研究者の関心は一気に光へと向かったのである。

さて、ここで本題に入る前に本書の構成を簡単に説明しておこう。

第一章は光通信時代のトビラを開いた二人の東洋人、光ファイバ通信の開祖について記す。第二章からは、光ファイバ通信がどのようにして実現していったかの話になる。

光ファイバ通信は、低損失光ファイバの開発と室温連続発振半導体レーザの開発という二つの大きな柱ができて実現した。奇しくもこの二つが同じ年に相前後して達成されたことで、一九七〇年は「光通信元年」ともいわれた。半導体レーザは光通信だけでなく様々な用途に使われているが、光ファイバは光通信が主な用途である。このほうは光通信の本質でもある。まずは光ファイバの開発経緯からみていくことにする。

日本からは「セルフォック」という多成分ガラスによるグレーデッド・インデックス型光ファイバが世界のトップをきって発表されたが、石英ガラスによる光ファイバの開発では後れをとった。だが、一九七五年から始まった電電公社（現・ＮＴＴ）と電線メーカーによる共同研究によって、日本はこの劣勢を挽回し、数々の世界的な成果をあげることに成功した。

このなかから日本独自の製法としてＶＡＤ法が開発され、いま世界の光ファイバの三大製法の一つになっている。この開発経緯を含め、光ファイバ共同研究の概要、光伝送システムの構築など、第二章から第四章までは光ファイバ通信実現の要となる光ファイバの話である。

第五章からはレーザの話になる。レーザは世紀の発明ともいわれ、人類がその恩恵に浴するところ極めて大である。レーザがどのようにして生まれたか、第五章に独立の章を設けた。

光通信の光源となった半導体レーザは、光通信だけでなく、その応用は様々な方面に広がっている。特に室温連続発振半導体レーザの実現で、コンパクトディスクやレーザプリンタ、バーコード読み取り機などへ活用され、その有用性で社会に与えたインパクトは強大だ。

第六章はこの半導体レーザの室温連続発振を目指して挑戦した研究者の活躍を紹介する。これはＶＡＤ法の開発物語と同じように、ブレークスルー（技術突破）の話である。至難ともいわれた室温で連続して発振する半導体レーザ開発レースの物語でもある。運良くトップになれた人、タッチの差でなれなかった人、トップを走っていながら途中でレースを降りた人など、マラソンと同じようにそこには色々なドラマがある。その一端をお伝えする。

第七章は半導体レーザの実用化にむけた道筋をたどった。

エピローグでは、光通信が基盤となった情報通信の未来図をイメージしてみた。

第一章　光通信の開拓者

一九六九（昭和四四）年、当時東北大学の西澤潤一教授は英国ＩＥＥ（電気学会）の招きで、イギリスを訪れた。欧州マイクロ波会議（ユーロピアン・マイクロウエーブカンファレンス、ＥＭＣ）が、光通信研究に先鞭をつけた西澤に着目し、講演を依頼してきたのであった。

西澤は一九五七年、半導体レーザを世界で最初に考案していた。さらに一九六四年、光通信の伝送路にガラス線を使って、集束型（グレーデッド・インデックス型、以下ＧＩ型）光ガラスファイバを考案し、世界で最初に光ファイバ通信を提唱した。ＩＥＥは西澤の先進的な光通信研究を評価し、西澤を招いて、光通信の話を聞く場を設定したのである。西澤の招待を斡旋したのが、現在は英国王立学士院のエリック・アッシュ博士であった。

イギリスは新しく、しかも創意ある研究に理解を示すお国柄であった。

一九六〇年代前半、まだ光通信は海のものとも山のものとも分からない時代であった。アメリカでは、後述するようにベル電話研究所（以下、ベル研またはＢＴＬ）で光通信の伝送路として、光学レンズやガスレンズを使った研究が行われていたが、光通信に対しては概して冷たく、導波管によるミリ波伝送が次世代の通信方式として、大々的かつ真剣に研究されていた。

一方のイギリスは、ミリ波伝送の研究も進めていたが、一九六三、四年ごろから光通信の研究に着手していた。こちらはチンダルを生んだ国に相応しく、光伝送路としてガラスも研究対象に取り上げていた。その研究成果が一九六六年、カオの論文となって発表されるのだが、光伝送路の具体案は西澤による集束型光ファイバが世界で最初であった。

イギリスはこの西澤の研究に着目したのだ。

■光ガラスファイバの提案

西澤は一九六四（昭和三九）年一一月、集束型（GI型）光ガラスファイバを考案し、半導体研究振興会の研究員であった佐々木市右ヱ門と連名で特許出願した。

西澤の考えでは、ガラス線を使って光を伝送するには、①光をガラス線から逃がさないようにすること、②ガラスによる吸収損失を少なくするためガラスの純度を上げること、この二つにあった。ガラスの純度を上げる研究は、同じ大学の他の研究室で行われていたので、光を逃がさない方法について考えた。

それには光をガラスの中心部に集めて、伝えてやることであった。このため、ガラス線を光を通す中心部（コア層）と周辺部（クラッド層）との二層構造にし、しかもコア層の中心部からクラッド層にかけて、光の屈折率を徐々に低くしてやる工夫をしていた。

このようにすると、光はコア層とクラッド層との境目で反射を繰り返し、ジグザグに進むのではなく、屈折率の変化にしたがってカーブを描きながら進み、コア層の内部で折り返されることになる。光はクラッド層に洩れることなく、コア層の中心部に集束されて、遠くまで伝わっていくというアイデアであった（**図3**参照）。

屈折率の変化でガラス線に集束性をもたせる考えは世界でも初めてであった。

だが、ガラス線を使って、光通信を行うという考えは、エレクトロニクスが急速に発展していた昭和四〇年前後でも、ほとんどの人びとにすんなりと受け入れられるものではなかった。西澤が光通信の伝送路として光ガラスファイバを考案し、その研究成果を学会で発表したとき、学会での受けとめかたは冷たく、「そんなこと本気で考えているのか」と哄笑されていたのだ。

次のエピソードは、著者の前作（「闘う独創の雄・西澤潤一」オーム社）でも引用したが、当時の光通信に対する状況を適確に伝えているので、

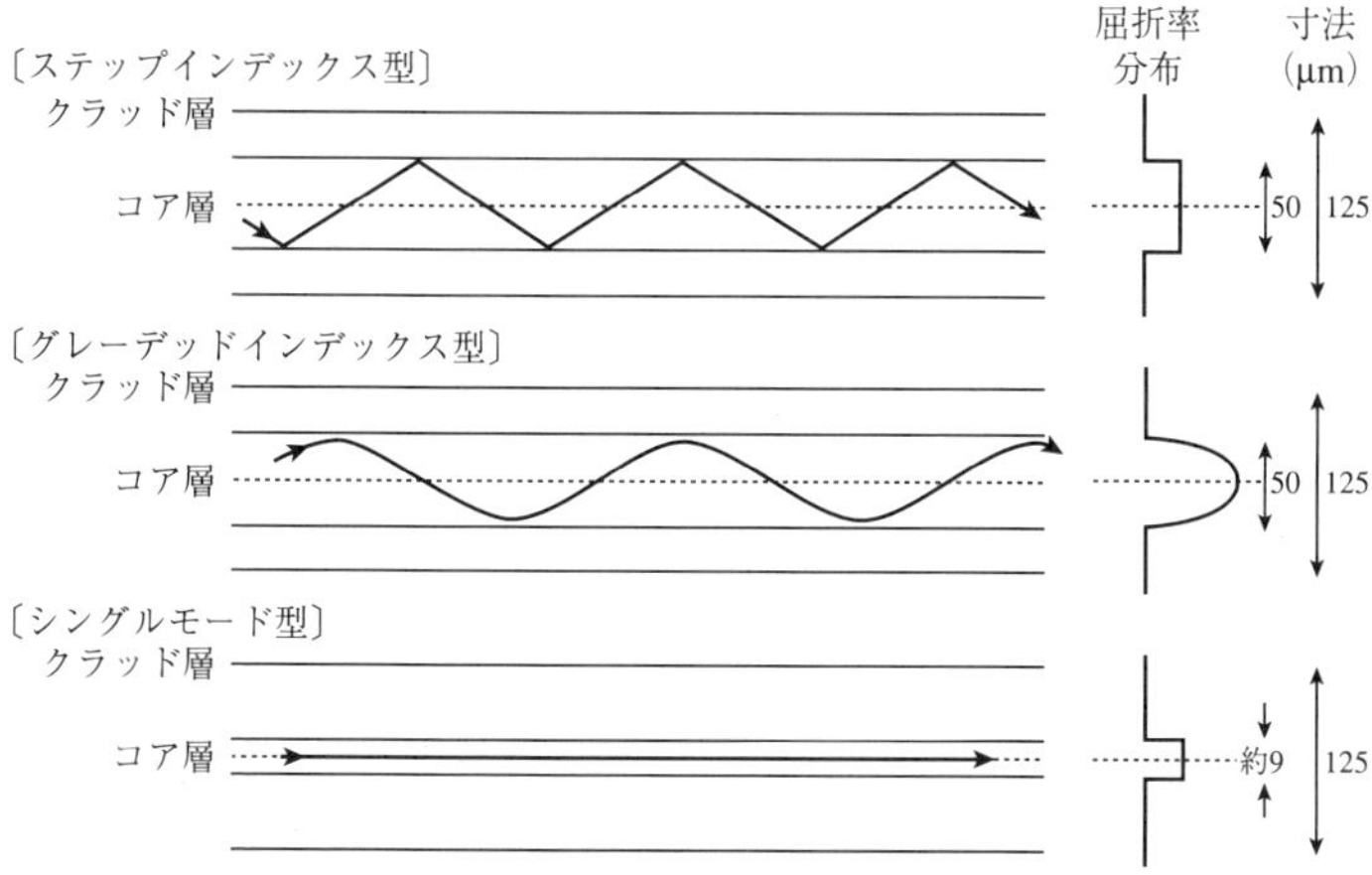

図3　各種光ファイバ
（細いガラス線の中を光が伝わっていく様子）

再度紹介することにする。

一九六五（昭和四〇）年の一〇月であった。

当時東北大学電気通信研究所西澤研究室の川上彰二郎助手（現・東北大学名誉教授）は、秋に開催された電子通信学会で、一年前に西澤教授が考案した集束型（GI型）光ガラスファイバに関する研究発表を行った。川上助手が発表を終えると、ある研究所の研究者が質問に立った。質問者は自分が掛けていたメガネを外すと、それを振りかざしながら、語気鋭く言い放った。

「あんたはなんということをいうのか。この厚さ一ミリほどのメガネのレンズを通してさえ、向こうを見るといくらか暗くなる。三〇センチのガラスを通して向こうを見ると、真っ暗でなにも見えやしない。ましてや何十キロものガラスの糸の中を光が届くはずがない。そんなものを通して通信しようなんて……」

この後会場は哄笑の渦と化した（『独創は闘いにあり』プレジデント社）。

質問者は若い川上に向かって、言い放ったのだが、その矢は同席していた西澤に向けられたものであることは、誰が見ても明らかであった。

ガラス線などで通信ができるなんて「愚の骨頂、笑止千万だ」と、その質問者は言おうとしたのだ。会場での受けとめ方もそう違わなかったと思われる。もっともその質問者は「またまた西澤が何やら突飛なことを言いだした。ここは一丁からかってやろうか」と考えて、質問をぶつけたのかも知れなかった。

それから五年後、西澤と質問者の勝敗は明らかになったが、学会には著名な学者や研究者が大勢出席していた。質問者の意図がどのようであったかは分からないが、当時の光通信に対する大方の見方もほぼ同じであったと思われる。

普通、ガラスは透明だと思われているが、質問者が指摘したように、厚さ一ミリメートルほどのガラス板を何枚も重ねると、ガラスの向こう側が何も見えなくなるのも事実であった。だから、西澤のガラス線を伝送路として使うという提案は、荒唐無稽と受け取られたのである。

■西澤の提案までの背景

一方、光を使った通信伝送の研究は、一九六〇年ごろからボツボツ始まっていた。

電気通信の発達史は新しい波、高い周波数の開拓を目指した歴史でもあったが、マイクロ波からミリ波と進み、ミリ波帯で足踏み状態となっていたことから、ミリ波帯の上のテラヘルツ帯を飛び越えて、一気に光を用いた通信の研究にとり組み始めた研究者も現れていた。だが、光通信の伝送路にガラス線を使うということを、本気になって考えた人物はまだいなかった。

一九六四年の段階で、西澤が光伝送路を考えた理由はいくつかあった。

その一つは、西澤には元々通信に必要な新しい波を開拓するという考えがあったからである。西澤は学生のころから「周波数は財産だ」と聞かされていたが、それは八木秀次以来のエレクトロニクスのメッカである東北大の伝統的考えでもあった。

また、すでにふれたように半導体レーザは、西澤が世界で最初に考案し、日本特許も取得していたが、その具体化ではアメリカに先を越されていた。それは低温下でのパルス発振であったが、西澤はパルス発振とはいえ、半導体レーザが実現したことで、光通信の可能性が一段と強まったことを感じ取ったのである。

なぜレーザが光通信に必要かといえば、レーザの特徴がコヒーレンス性〔注1〕にあるからであった。レーザは光通信の光源として最適であったのだ。これを半導体で実現すれば、小型軽量で消費電力も少ないレーザが得られる。パルス発振の成功は、そう遠くない日に半導体レーザの連続発振が実現することを意味した。

こうなると光通信の実現にとって、最後に残されたのが光伝送路であった。

一九六二年、電電公社の武蔵野電気通信研究所（以下、武蔵野通研）の次長から、東北大学電気通信研究所教授に転じていた喜安善市は、長年伝送関連の研究をしていたこともあって、光通信の研究に熱意を示し、西澤の研究を積極的に支援した。光通信は通信技術における、ひさびさの超革新的研究テーマであった。喜安は半導体レーザの具体化で後れをとった西澤の落胆ぶりを見て、次なるステップへ踏み込むことをすすめた。光通信では最難関であった光伝送路をどうするか、西澤に具体案を促したのである。

西澤は光伝送路を考えるに際し、当時世界で行われていた研究について調べてみた。

第二次世界大戦の後、アメリカでいわゆる光通信が研究対象となった時期があった。

これは光を無線電波のように空間でやりとりする方法の追求であった。一九六〇年代初め、軍事用を目的に光をパラボラアンテナで受信し、光電管で電気信号に戻す方法での研究であった。実用化に至らなかったのは、光の空間での損失が極めて大きかったからである。

また、一九六一年からベル研で、レンズを使って光を集束しながら遠方に伝える研究が行われていた。一九六四年から一九六八年にかけては、レンズを連ねたレンズ列による光導波路の実験が行われた。この実験データが見事であったことから、一時は日本でもレンズによる光導波路の研究に飛びついた研究者もいたが、設置環境の変化、機械的安定性確保の難しさなどがあって、これも実現しなかった。

さらに、一九六四年ごろから、ガスレンズという優れたアイデアによる光導波路の研究がベル研で行われていた。加熱したパイプの中に気体を通すと、ガスの通る内壁の表面近くの温度が上がって、その部分の屈折率が下がり、パイプの中心部の屈折率との間に差ができる。その中に光を通すと、光は中心部に集束されるというアイデアからの研究だった。

ガスレンズ方式は、学術的には面白いアイデアであったが、一定した温度の維持が難しいことから、実際的でなかった。西澤はレンズ列方式もガスレンズ方式もこれでは実現は到底無理だと思った。ただ、ガスレンズ方式のアイデアは魅力的であった。いろいろ考えた末、西澤はガラス線を光伝送路に選び、ガスレンズの考えをガラス線で実現できないかと考えた。

西澤がガラス線を考えたのは、旧制高校生のころ、ガラス工場を見学した経験があったことも影響していた。ガラスは糸のように細くなるまで引き延ばすことができて、しかもその組成は変わらないということが一つのヒントになっていた。子供のころ、父親から教えてもらった、どこで切っても同じ金太郎の顔がでる、金太郎飴の作り方を思い出したのである。

ガラス線を使って、その中を光を通して通信するなどという考えは、一九六四年当時、日本ではまともに受け入れられなかったが、その後世界での光ファイバ研究は急速に進んでいく。

〔注1〕

コヒーレンス

コヒーレンスとは波の干渉性を表す言葉。コヒーレントな波は、周波数が均一で位相も揃った正弦波（サインウエーブ）。そのスペクトルは単一である。二つのコヒーレントな波（F_1とF_2）が出合うと、お互い干渉し合って、強め合ったり（F_1+F_2）、弱め合ったり（F_1-F_2）する。レーザなどのコヒーレント波同士は容易に干渉し合う。これに対してコヒーレントでない自然放出光は、周波数も位相もバラバラなので、混じり合っても干渉し合うことがない。通信では複数のチャンネルを集めて一緒に送る場合、それをまとめて運ぶ搬送波は、周波数が不安定であったり、スペクトルに乱れがあったりすると、受信先で元のチャンネルをきれいに復元できなくなる。したがって、通信ではコヒーレンス性が重要になる。

■ガラスファイバによる光伝送路

もともと、ガラスを使って光を導くというアイデアは古くからあった。

一八五四年、イギリスのチンダルは、水の入った樽から流れでる水流に光があたると、光は水流と空間との境目で反射を繰り返しながら、水流の中を伝わっていくことを発見した。この現象からチンダルは、円筒状のガラス棒の表面で光を反射させ、ガラス棒の中に光を通すことができることを示した。

だが、それは通信用としては無理で、まず人間の胃の中を見る医療用として取り上げられるようになった。一九三〇年ごろ、ドイツで被覆のないコアだけの粗いファイバの束を使って、ガストロスコープ（胃鏡）が試作された。

一九五〇年には、イギリスで光ファイバを集束する技術への挑戦があった。つづいて一九五三年、オランダで光を通す部分よりも低い屈折率の被覆をもつガラスファイバを使って、光像を伝送する実験が行われた。その翌年、ファイバを使って光像を伝送する際、ファイバ間で光が洩れないようにする特許が米国で出願された。

この二つの流れが胃カメラ用ファイバへとつながり、一九五八年、米国ミシガン大学の研究者が世界最初の胃カメラ用ガラスファイバスコープを発表した。

日本においても一九六〇年代に入ると、光学ガラスメーカーなどがガラスファイバでファイバスコープを製造し、売り出していた。一メートルほどの長さで主に医療用であった。

一方、通信用としてのアイデアは、一九三六（昭和一一）年、当時電気試験所（現・電子技術総合研究所）の関壮夫と根岸博（後に清宮博と改名）の二人によって、「光線通信方式の改良」という名称で特許出願され、一九三八年六月に成立した。

この特許は、光を空間に放射して行う光線通信では外部雑音が混入するため、光を水晶の棒のような導管を通して、伝えてやるというアイデアによるものであった。だが、このままでは光は導管から逃げていってしまう。残念ながら実現に向けての具体性に欠けていた。

電気信号を誘電体を使って伝えるという、いわゆる誘電体線路についての研究は、すでに一九一〇年、ドイツのホンドロスとデバイの二人による研究発表がある。

ちなみに「光通信」という言葉は、戦前の日本でも使われていた。当時の光通信は、空間で光をやりとりする、いわゆる光線通信のことで、海軍などで研究が行われていた。電球を光源にパラボラ型鏡をアンテナとし、電球を点滅させた信号を送り、受信側ではパラボラ鏡の中においた光電管で受けるという形であった。送受信間二キロメートルの距離で、デモ用実験が行われたという記録がある（『光ファイバ通信』岩波新書）。

さて、話を戻すと、西澤が最も重視したのは、ガラス線のなかを通る光が外に洩れないよう、伝えていくことであった。コア層に屈折率の変化をもたせ、ガラス線の中心部に光を集束していく考えは、ベル研のガスレンズ方式がヒントになっていた。

一方、ガラスの中に光を通せば、ガラスに含まれている不純物によって光は吸収され、減衰するが、この問題については、ガラスの純度を上げることで解決できると考えた。

当時、西澤から集束型ガラスファイバのアイデアを聞いた前出の喜安善市は、その時の感想を十数年後の一九七六年、次のように記している。

「西澤教授は光学繊維自体にガスレンズと同じように光の屈折率分布を持たせれば光ケーブルになり、ガスレンズの欠点は根本的に克服され、その長所がそのままうけつがれることを提案した。筆者はその着想の素晴らしさに驚き興奮して数日間夜も眠れなかった。これがわが国最初の光ケーブルの着想ではないかと思う」（「光通信雑感」『通信公論』）。

この感想の最後の部分は、喜安が当時光学メーカーが主に医療用のガラスファイバを作っていたことを承知していたことから、通信用としては最初の着想だったと断ったものと思われる。

当時西澤は、光通信に必要な光源、光伝送路、受光素子の三つのうち、光源と受光素子を発明、考案していた。受光素子（ディテクタ）は光を電気に変換する光電変換デバイスで、西澤は一九五二年にＡＰＤ（アバランシェ・フォトダイオード）、一九五三年にｐｉｎフォトダイオードを発明していた。すでに述べたように、光源となる半導体レーザは、一九五七年に考案していた。

残るは光伝送路であったが、光通信の実現にとって、光伝送路をどうするかが一番難しい問題であった。西澤の集束型光ファイバの提案は、その大きな壁を打ち破るアイデアであった。

この提案は長距離通信を想定し、光をどのようにしたら遠方に伝えることができるか、という問題に答えた最初の具体案であった。ガラスによる吸収損失という厚い壁を突破できれば、ガラス線による光伝送路は十分可能であることを示していた。

■もう一人の光ファイバ研究者

ちょうどその頃、ガラスの吸収損失の研究をしていた人物がいた。

イギリスのＳＴＬ（スタンダード・テレコミュニケーション・ラボラトリー）にいた中国人のチャールズ・クーエン・カオ博士（現・香港中文大学学長）であった。カオは一九六六年七月、西澤の提案の一年八ヵ月後、光ファイバの吸収損失についての研究論文を発表した。

それは、ガラスの中の不用成分（主に鉄、ニッケル、コバルトなどの遷移金属）を取り除き、ガラスの純度を高めていけば、波長〇・六マイクロメートル（可視光線）で、一キロメートルあたりの損失を二〇デシベル〔注2〕程度にできることを理論的に示したのであった。

当時、西澤のほかに光ファイバの研究を進めていたのはイギリスのSTLであった。イギリスでは一九六〇年代の前半にITTが光通信の研究に入った。ITTは米国のAT&Tと張り合っており、ベル研とは違うことをやろうとしていた。イギリスはチンダルを生んだ国でもあり、光伝送路の研究にガラスを選んでいた。

そのころベル研はガスレンズ方式に力を入れ、それがうまくいかないので、所長のジャック・モートンは光通信の研究を止めようとしていた。

カオは一九三三年、中国の上海で生まれた。ちなみに現在の国籍はアメリカである。

一九五七年、ロンドン大学を卒業し、ITTのSTLに入所した。一九六〇年ごろから、ミリ波通信用の準光学部品開発プロジェクトに加わった。周囲では、ミリ波通信用長距離円形導波管〔注3〕の研究と共に、将来を指向した光波通信のプロジェクトが進行していた。

折しもルビーレーザやガスレーザが発明され、光帯域の周波数発振器が出現し、その広帯域性から飛躍的に情報伝送能力が増大するとの期待感が高まっていた。

一九六三年、上司の指示でカオは光通信研究のプロジェクトに加わった。研究テーマはガリウムひ素ダイオードを光源とする通信システムであった。そのなかで、カオはしだいに光伝送路についての研究に移っていった。

カオは誘電体ファイバの導波構造について、材料や構造上の問題点の解明へと研究を進めていった。

材質による損失については、「損失機構は何なのか、その原因は取り除けるか」という観点から検討した。

当時、ガラスに含まれる不純物の存在が吸収の主な原因とされ、特に鉄などの遷移金属が大きいといわれていた。カオは、不純物を取り除くことができれば、誘電体光ファイバ導波路という形で、実用に耐える光伝送路が実現できると考えた。

一九六五年に入り、カオは同僚のホッカムらと共に光導波路の具体的な設計理論の作成にとりかかった。光導波路の中を光が伝わっていく際、その形態（モード）が乱れないクラッド層の厚さの下限を求めたり、ファイバの曲がりの影響について解析した。また、ファイバの伝送帯域幅は少なく見積もっても一ギガヘルツ（1GHz）と計算された。

材料面からの検討では、無機ガラスが近赤外光領域で低損失を示すことを見いだした。この波長帯は幸運にも多くのレーザの発振波長と一致する。ガラス材料の中では石英（シリカ）ガラスが最も適正であることが分かった。

散乱損失は波長一・〇マイクロメートルで一キロメートルあたり一・〇デシベル程度が限界とみられた。石英ガラスに遷移金属イオンが入ると、近赤外線における吸収曲線に強い吸収帯が現れる。遷移金属は鉄、銅、ニッケル、コバルト、クローム等々であった。

カオは一九六六年七月、ホッカムと連名で、英国電気学会誌へ研究論文を発表した。

これがカオの名を一躍有名にした、ガラスファイバによる光伝送路を予測した論文であった。カオは光通信の伝送路として、石英ガラスを使った光ファイバが最も損失が少なく、実現の可能性があることを示唆した。それをどのように作るかは、材料屋で考えてほしいと提案した。

カオの研究は、ガラスを伝送路として使えるかという観点から、ガラスでの光の損失要因を明らかにしたことだ。この損失要因を取り除くことができれば、ガラスを使って光を遠方まで伝えることができる。カオはその可能性を示したのだ。

しかも、カオの提示した損失が一キロメートルあたり二〇デシベルという値は、通信の世界では一つの指標として捉えられていた。損失が二〇デシベルというのは、元の値が百分の一になるということだが、この一キロメートルでは増幅器なしでよいということを意味していた。カオの研究で光伝送路が現実味をもってきたのだ。

光をガラス線のなかの中心部（コア層）だけに集束し、外部に洩れないようにするという西澤の提案、一方でカオは西澤が指摘したガラスの吸収損失について詳細分析を行い、損失は少なくできる、ガラスの純度は高めることができるとの研究発表を行ったのである。

〔注2〕　デシベル（dB）

伝送量（電力）の増幅度や減衰（損失）度を示す単位。入力電力と出力電力の比の常用対数の一〇倍をとって表す。例えば、元の値が百倍になったときは10 log100 ＝ 20dBで、この場合の増幅度は二〇デシベル。元の値が百分の一に減少した場合は10 log（1/100） ＝ -20dBで、二〇デシベルの損失ということになる。

〔注3〕　円形導波管

導波管とはマイクロ波やミリ波など、高い周波数の電磁波を伝送するために開発された伝送路。金や銀でメッキした銅やアルミニウムの薄い金属で作った、なかが中空の円形や矩形状の管。この中を電磁波が伝播していく。円形は直径が約三センチとか、矩形は縦二センチ・横三センチなどの大きさで、矩形型の導波管では横方向と縦方向の長さで管内波長や遮断周波数が決まる。管内を伝わる電界分布には様々な伝播モードがある。管路が曲がったりすると、うまく伝播モードが乗らないで、損失が大きくなるという欠陥がある。

■光ファイバ通信の開祖

西澤の提案とカオの研究は、ガラス線が光の伝送路として十分使えることを示し、二人は光通信時代の幕開けを告げる先導役となった。光ファイバ通信の夢が大きく膨らんだのである。その意味で西澤とカオの二人は、光ファイバ通信の開祖であった。これで実用に結びつく光ファイバが開発されれば、光通信は現実のものになる。

それは意外と早くやってくるのだが、その前にもう少し西澤とカオの話をつづける。

一九六三年に入り、西澤は半導体レーザの具体化でアメリカに先を越された悔しさを噛みしめながら、新たな研究目標を立てた。その一つが光伝送路の研究であった。

時間を少し前に戻すと、西澤は一九五八年から一九五九年にかけて、アメリカ、イギリス、欧州を初めて訪ねた。この時英国で当時ＳＴＬの研究員であったジョー・エバンス博士と知り合った。エバンス博士が書いた半導体関連の本が縁であった。

その後、エバンス博士と懇意になり、論文を送りあったり、西澤が英国に行くたび、またエバンスが来日するたびに会っていた。エバンス博士は西澤の研究に着目するようになった。西澤の研究が半導体、結晶精製、光通信と多彩であったことによる。

カオを西澤に引き合わせてくれたのもエバンスであった。一九六六年の初めごろ、西澤がSTLを訪れた際、STLで光ファイバの研究をしている人物ということでカオを紹介してくれた。この時、西澤とカオは初めて顔を合わせた。

西澤はすでに光ファイバの特許を出し、屈折率に関する論文も前年の暮れ、助手の川上と連名で米国電気電子学会誌に発表していた。カオは前項で述べたように、ガラスの吸収損失に関する研究を終えたばかりで、その研究報告をSTLの所内報に発表した段階であった。この時、西澤はカオからその所内報をもらった。ガラスの純度を高めれば、光の通達距離が伸びるという内容だった。カオが英国電気学会誌へ論文を発表したのはその年の七月である。

西澤は昨年（二〇〇二年）の春、イギリスを訪ねた。

NHKが日本の有名な科学者を主人公に、研究生活のなかでの世界とのかかわりを、思い出の国を訪ねる形で回顧する『世界　わが心の旅』という番組製作のためであった。西澤にとっては冒頭に記した、IEEの招きで訪れたイギリスがその国であった。英国の学会で認められ、そこで講演する機会を与えてくれたことに、当時たいへん感激したからであった。

西澤が講演した場所は、ロンドンのテムズ河畔にあるIEE本部ビル内のマックスウェルホールであった。三十数年ぶりに訪れたホールは昔のままであったが、マックスウェルホールという名称はなくなっていた。

テレビの映像では、西澤がSTLを再訪し、そこでカオと久しぶりに会うというシーンがあった。

二人は四〇年近く前のことを語りあった。ただ、カオを紹介してくれたエバンス博士は、二一年前の一九八一年、日本では最初の光回線が開通するというほんの少し前、五四歳という若さで亡くなっていた。

■光ファイバ通信に向けて

冒頭で記したように一九六五年の秋、西澤研究室の川上助手は電子通信学会で、ＧＩ型光ファイバの屈折率分布に関する研究発表を行った。

その論文はその年の米国電気電子学会誌の一二月号に、西澤と連名で掲載された。日本では西澤のガラス線を使った光伝送路はすんなりと受け入れられなく、学会では哄笑されたが、アメリカのＩＥＥＥ（米国電気電子学会）は論文を受け付けたのである。

川上彰二郎はその年の三月、東京大学の大学院（電子工学専攻）を終え、四月から西澤研究室の助手になっていた。その年から、西澤研究室の助教授を二人から三人に増やすことが決まり、前出の喜安善市教授の斡旋で、川上を迎え入れたのである。

助教授に昇任させるには学位論文が必要ということで、西澤はすでに決めていた光ファイバ研究の担当を川上に変更し、最初に屈折率分布と電磁波伝播の解析という研究テーマを与えた。光ファイバの特許はすでに出願済みであったことから、関連する論文の発表が急がれたこと、さらに川上の学位論文を早急に仕上げるには、そう時間をとらない研究テーマと考えたからである。川上は大学院ではミリ波の検出機構の研究をしていたが、これを機に光通信の研究に入った。

次なる目標は、ＧＩ型光ファイバをどう作るかであった。実験室にはガラスを作る設備は何もなかったので、これも喜安教授から紹介された大阪工業技術試験所に製造の検討を依頼した。西澤は川上を伴って大阪に出張し、大阪工業技術試験所と製法や条件面で交渉を重ねた。しかし、経費が莫大にかかるということで、折り合いがつかず、話は行き詰まってしまった。

この間、日本では日本板硝子㈱が独自に光伝送路の研究開発に入っていた。日本板硝子の子会社が医用ガラスファイバの開発に成功したことから、ガラスファイバの応用を広く研究しようということで、そのなかに通信用ファイバの研究も入っていた。

一方、カオも光ファイバの開発を考えていた。一九六六年、カオは西澤らに是非会いたいと連絡してきた。日本のガラスメーカーを紹介してほしいということであった。日本はカメラ用レンズは世界一で、しかも不純物を取り除く技術は半導体の精製技術で証明済である。イギリスにはどちらの技術もないというのがその理由であった。

カオの来日を斡旋したのが喜安教授であった。カオは一九六七年に来日した。

喜安は武蔵野通研の光伝送担当者と日本の光学ガラスの専門家を集め、カオの希望を聞いてもらう場を設定した。だが、通研の研究者はまだ光ファイバについての問題意識はなく、光学ガラスメーカーの反応も冷たかった。光伝送用ガラスケーブルなどというあやしげな物には興味がないということだった。カオは落胆して日本を離れた。

後日、喜安は通研にも問題意識をもった研究者がいたことに気づき、担当者の人選を誤ったことを悔やんだ。ほかに適任者がいたのだ。その時、人選を間違っていなければ、あるいは世界に先がけて、日本が低損失光ファイバの開発を達成していたかも知れなかった。

いずれにしても、一九五〇年代後半から始まった光の空間での通信、レンズ列、ガスレンズなどの光導波路の研究が行き詰まっていたことから、一九六〇年代後半から急浮上してきた光ファイバ通信は、この分野の研究者にとって正に光明であった。

西澤の光を外に逃がさないようガラス線に集束性を持たせるという提案、カオのガラスによる光の吸収損失の研究、第二章で述べるコーニング社による低損失光ファイバの実現、この三つが光通信時代という大きなトビラを開いた鍵であった。

ところが、西澤の光ファイバ特許に関し、思わぬ事態が発生していた。日本のあるメーカーがこの特許に対し、異議申立てをし、それが長期係争となっていたのである。

■半導体レーザの発明

さて、ここまでは光通信の本命である、光ファイバが提案された経緯についての話である。

一方、光通信の光源となるレーザは、光ファイバよりも先に出現していた。光を使って通信しようとする考えの発端をたどると、タウンズによるメーザの発明まで逆上ることになる。メーザ（レーザ）の発明によって、光通信に最適な光源が誕生したからであった。

メーザ（レーザ）の発明については第五章で詳しく紹介するが、メーザ（MASER）はレーザの元祖である。メーザは一九一六年、アインシュタインが理論的に予測していた誘導放出という現象を具現化したもので、エネルギーを得た電子がそのエネルギーを放出して、安定した状態に戻るとき、放出する電磁波であった。

この誘導放出される電磁波は、コヒーレント波といわれ、前々項で説明したように、周波数が均一で、しかも位相のそろったきれいな正弦波である。

一九五八年、タウンズと弟子のショーロウはメーザの考えを光に拡張し、レーザ（LASER）を提唱した。その二年後、米国のメイマンがルビーを使って、世界で最初のレーザ発振に成功した。これはパルス発振であったが、その年の暮れベル研の研究員であったイラン人のジャバンが、ヘリウムとネオンの混合気体によるガスレーザの連続発振に成功した。

ここで驚くべきことに、レーザが提唱されるほぼ一年前の一九五七年四月、東北大の西澤潤一は半導体を使って誘導放出を行わせるアイデアを世界で最初に発表した。まだレーザという名称がなかったことから、半導体メーザという名称で特許出願した。

西澤による半導体レーザの発明は、歴史的にみても、いかに重要な発明であったことが分かるが、その事実は意外と知られていない。そこで、西澤が世界で最初に半導体レーザを考えた経緯を振り返ってみることにする。

一九五六（昭和三一）年の九月であった。

戦後一〇年が過ぎ、日本は敗戦の痛手からようやく立ち直り、経済成長への足がかりをつかみ始めた時期であった。当時西澤潤一は東北大学電気通信研究所の助教授で、仕事の一環として、電気系学部学生のための雑誌会の幹事役を務めていた。

雑誌会とは、最新の海外の学術誌の中から、これはと思う論文を選び、学生に紹介する会であった。論文は幹事役が選ぶか、学生が所属している研究室で選んだものを、幹事役が再度チェックし、それを割り当てられた学生が皆の前で発表する形であった。

秋の日差しが左側の窓から差し込んでいる階段教室で、雑誌会が開かれていた。

教壇では一人の学生がある論文の概要を説明していた。アメリカの電気電子学会が発行している論文誌の中のメーザに関する論文であった。一〇〇人ほどが入る階段教室は、半分近くの席が塞がっており、学生たちは論文の概要をまとめた一枚のレジメに一様に目を落としながら、壇上の学生の報告を聞いていた。

座って聞いている学生の側から見ると、一番前の席に幹事役の西澤が座っていた。雑誌会の幹事役には成り立てか、まだ二、三年という若手の助教授がやる慣行で、西澤は助教授になって三年目、三〇歳になったばかりであった。

この日はウィトケという人が書いた「分子によるマイクロ波の増幅と発振」という、メーザに関する総合解説として書かれた論文が紹介されていた。

ほぼ二年前の一九五四年七月、米国の物理学会誌『フィジカルレビュー』に、アンモニア分子による誘導放出によって、二四ギガヘルツのマイクロ波発生に成功したとの研究発表が載った。レーザの元祖、メーザの発明を伝える速報であった。

翌年の一九五五年二月、発明者のタウンズによって、これはメーザ（MASER）と名づけられた。メーザとは、Microwave Amplification by Stimulated Emission of Radiation の頭文字を組み合わせたもので、日本では「誘導放出によるマイクロ波増幅」と訳された。

西澤はメーザの発明に衝撃を受けていた。それまでは、マイクロ波やミリ波などの電磁波は電子管、つまりは工学的手法による発振であった。それが物理学的手法で発生させることができるという驚きであった。

そのメーザに関する論文であったことから、面白いと思って取り上げたのだ。論文はルビーを使うと、マイクロ波が増幅できるという内容であった。だが、磁場をかけるとマイクロ波は増幅されるが、すぐもとに戻るので、磁場を一度切って、かけ直す。するとまた増幅するということで、連続増幅、連続発振はできないということだった。

西澤は学生の説明に耳を傾けながら、この論文に目をとめたときから、どうしたら連続動作ができるかについて、考えをめぐらしていた。それにタウンズのメーザにしても、この論文で採り上げているルビーメーザにしても、どちらも真空ポンプなどを使った大がかりな装置であった。もっと簡便な形で実現できないかとも思っていた。

西澤の研究対象は半導体であった。半導体でメーザができれば簡便になる。

メーザは、高いエネルギー状態にある電子が低いエネルギー状態に落ちる時、電磁波を放出する現象だ。だから、なんらかの方法で、高いエネルギー状態に電子を上げてやって、ホールと再結合させてやれば、連続動作が可能になるのではないか。

半導体のｐｎ接合の順方向に電圧を加えると、ｐ領域には電子が注入され、ｎ領域にはホール（正孔）が注入される。注入されたキャリアはエネルギーが高い状態にあり、多数キャリアと再結合する際に光を放出する。この放出光を誘導放出に導き、二つの鏡面で作った空胴共振器で増幅・共振させれば、連続して誘導放出光が出てくるはずだ。

学生の説明が終わった。一人の持ち時間は一五分で、その日はあと二つの論文が紹介された。一、二の質疑があり、最後に西澤が簡単なコメントを加え、雑誌会は終了した。

西澤は半導体で誘導放出を起こすアイデアを、詳しく検討してみることにした。

まず、これが将来ものになるかどうかであった。問題はメーザの増幅（誘導放出）のほうが多いか、その前にキャリアが吸収されてしまうほうが多いかであった。

西澤はメーザの発明の基になったアインシュタインの理論を使って、誘導放出と吸収について簡単な計算をしてみた。誘導放出のほうはある程度データもあったが、キャリア吸収のほうはデータが十分でなかった。そこで、キャリア吸収のほうのデータは、ほかの人がやった測定値を使って計算してみると、ひとりの人のデータからはプラス（増幅する）、べつの人のデータからはマイナス（増幅しない）と出た。つまり、五分五分であった。

西澤は、このような場合、いつもは引いてしまうことが多かった。自分に対して少し厳しいかなと思ったこともあったが、今度の場合は、このような実験はやってみたいという気持ちのほうが強かった。そこで、フィフティ・フィフティではあるが、自分の勘働きから見てもここで止めてしまうのはどうかと思い、ここはひとつ賭けてみようと思ったのである。

決めたのは年末、一九五六（昭和三一）年の一二月であった。

翌年（一九五七年）に入って、まず論文を『日本応用物理学会誌』（ＪＪＡＰ）へ投稿した。だが論文は受理されなかった。当時の日本では、斬新なアイデアに基づいた、意欲的な論文はそう多く投稿されなかったし、たとえ投稿したとしても、三〇歳前後の若い研究者では、そう簡単に受け付けてはくれなかったのである。

そこで、恩師渡辺寧教授との連名で、電流注入型半導体レーザの特許を出願した。タウンズとショーロウによってレーザが提唱される一年前であった。したがって、特許は半導体メーザという名称で出願された（**写真1**）。

西澤の特許は一九五七年四月二二日付で出願された（日本特許二七三二一七号）。光共振器を含んだ全体の構造図、エネルギーバンドによる動作原理図、そして具体的実施例として光励起の場合の構造図、磁場をかけて発振波長の変調を考えた図などの添付図がついている。また、その三年後の一九六〇年八月、発生した光に対して指向性を持たせる回路について、追加出願した（特許七六二九七五号）。

この特許出願によって、西澤は世界で最初の半導体レーザの考案者となったのである。

その一年後の一九五八年、フランスのピエール・エグラン、ついでソビエトのバソフらも半導体レーザを提案した。バソフはメーザの発明者でもある。

当時はアメリカで接合型トランジスタの生産が開始されて四年、半導体産業がようやく離陸したばかりという時期であった。日本では一年半前にソニーが、ゲルマニウムを使ったトランジスタラジオの販売を開始していた。また、この年は江崎玲於奈によるトンネルダイオードが発明された年でもあった。

日本は戦後の荒廃からようやく立ち直ったとはいえ、まだ高度成長期に入る前で、アメリカの後ろ姿を見ながら、必死になって追っ掛けていた時代であった。半導体の研究ではアメリカが圧倒的に先行していたが、日本はその後大きく飛躍した半導体産業が助走を開始していた時期であった。その中での西澤の先見性あふれる提案であった。

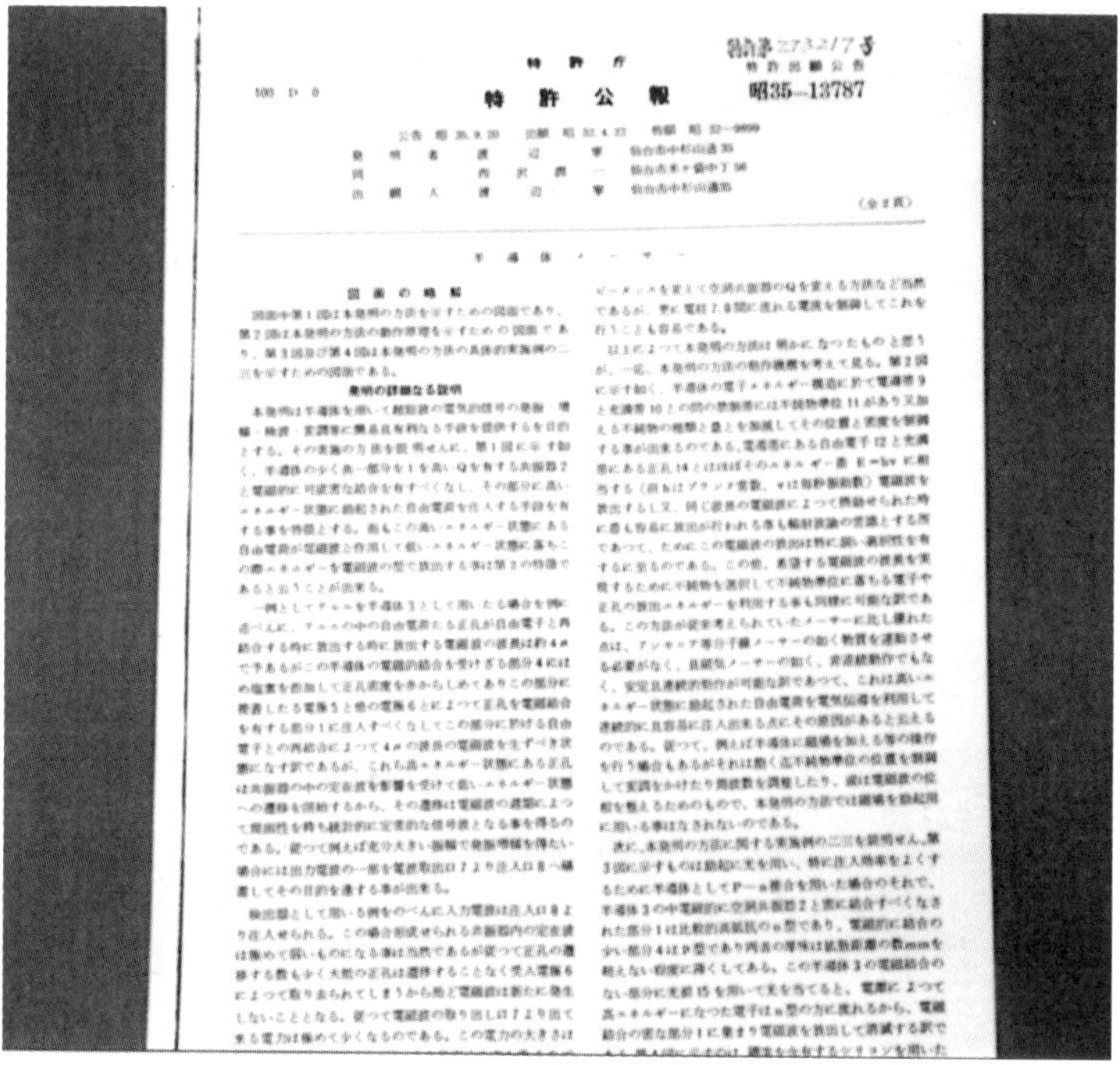
特許庁
特許公報
特許出願公告
昭35—13787
半導体メーザー
図面の略解
発明の詳細なる説明

写真1　渡辺寧，西澤潤一による半導体レーザの特許出願公告
（特許認定第273217号）

■半導体レーザの具体化

レーザの登場は、光通信にとって最も相応しい光源が現れたことを意味した。レーザの特質であるコヒーレンス性が、光通信にとって必要であったからである。しかも、半導体でレーザを作ることができれば、サイズも小さく、低電圧、低電流での動作が可能になり、どこでもレーザを簡単に使うことができるというメリットが生まれるのであった。

その半導体レーザの具体化は、すでに述べたようにアメリカが先行する。西澤の提案の五年後、一九六二年、アメリカの四つの研究機関がひと月半という短い期間の間に、相次いで半導体レーザの低温下におけるパルス発振に成功した。

これは日本にとっては残念なことであった。

当時、西澤は半導体研究に入ってから、七年もかけて手作りした結晶生成装置がようやく出来上がり、その装置を使ってシリコンの結晶を作って、自分が発明したｐｉｎダイオードやＳＩＴなどを実際につくることを始めていた。

そのほうに手が一杯という事情もあったが、半導体レーザの実験を担当させた研究者の熱意がなく、途中で中断せざるを得なかったこと、ほかにフォトカプラなど光に関する実験をやりながら、光のよく出るというガリウムひ素の製造装置を作らなくてはと考えているうちに、三、四年はアッという間に過ぎてしまった。

一九六二年に入り、前出の喜安が電電公社の武蔵野電気通信研究所から東北大に移り、武蔵野通研との間で実用化研究のルートができた。喜安から「君のところで何かないか」といわれ、西澤は渡りに船とばかり半導体レーザの話を出した。ではということで、喜安は西澤を伴って武蔵野通研を訪ねた。

西澤は光通信の必要性から説明し、半導体レーザの開発を頼んだ。だが、「できるかどうか分からないものに金は出せない」と言われてしまう。「だからこそ実験をやる必要がある」と押し問答をし、「そうでなければわざわざ頼みに来ない」とまでいったが聞き入れられず、最後はケンカ別れになったという経緯もあった。

武蔵野通研の研究者にとって、半導体レーザの必要性がまだ理解できなかったというのが本当のところだったのだろう。逆にいえば、西澤の先見性が光っていたということになるが、この時、西澤の話をもう少し素直に聞いて、半導体レーザの重要性に気づき、研究に着手していれば、あるいは日本が室温連続発振の一番手になっていたかも知れなかった。

当時、西澤のアイデアを真剣に取り上げる研究者がいなかったことについて、今になって残念がる声も聞かれる。

日立の中央研究所で半導体レーザの研究開発に携わり、その後東大教授を経て現在は明大教授の伊藤良一は、「日本の特許という形で提案されたため、研究者には具体的な形で影響を与えなかったのではないか」と述べているが、論文のほうは受理されなかったのだ。

さらに伊藤は「このアイデアに沿って研究を進めていたならば、我が国で最初のレーザ発振が達成された可能性がある。いかにも残念なことである」（『半導体レーザ』培風館）と記している。結局のところ、日本ではあまりにも早すぎた提案だったということになる。

このように半導体レーザの提案は、日本から生まれたものの、西澤のところで真剣に取り組まないかぎり、どこも着手しないという状況であった。それが当時の日本の半導体研究での本当の実力であったのかも知れない。

さて、半導体レーザの具体化では、ガリウムひ素（GaAs）が素材として、重要な役割をはたすことになる。ガリウムひ素は発光に優れた化合物半導体だ。

半導体での発光についての研究は、一九二〇年代から着手されていた。

シリコンやゲルマニウムのｐｎ接合ダイオードの発光について、最初の研究論文は一九五二年に出ている。同じ年にⅢ―Ⅴ族化合物半導体が登場するが、よく発光する半導体は一九六〇年代に入ってから分かってきた。

では、よく光の出るというガリウムひ素（GaAs）の発光機能は、どのようにして見いだされたのであろうか。

一九六二年、ＩＢＭのダムケは半導体レーザ発振の可能性が高い材料として、ガリウムひ素（GaAs）のような直接遷移型の結晶が適材であるとの論文を発表した。

ガリウムひ素という化合物半導体を最初に開発したのは、ドイツ・アーランゲンにあるシーメンス研究所のハインリッヒ・ヴェルカーであった。接合型トランジスタが発明された翌年の一九五二年ごろといわれ、ゲルマニウム（Ge）やシリコン（Si）という元素半導体にそう遅れることなく出現している。

　ガリウムひ素は電子移動度が速いことから、高速コンピュータの素子として研究の対象となっていたこと、さらにシリコンよりもバンドギャップ（第六章で説明）が大きいことから、高温動作の可能なトランジスタ材料として研究されていた。

　MIT（マサチューセッツ工科大学）のリンカーン研究所では、研究グループのリーダーであるレディカーが一九五八年、ガリウムひ素を開発したヴェルガーを訪ね、アドバイスを求めたという。

　MITではガリウムひ素を使って実験を始めたが、電気的特性の測定で大量の光の放出を見つけ、一九六二年、固体デバイス研究会議で発表し、反響を巻き起こした。さらに同会議で、RCAのパンコーブもガリウムひ素の量子効率が高いと発言、IBMのダムケの論文を裏付けることになった。

　このようにして、ガリウムひ素が半導体レーザの素材として採り上げられるようになり、ガリウムひ素半導体レーザの開発競争が始まった。

　すでに述べたように一九六二年初秋、GE（ジェネラル・エレクトリック）のロバート・ホールが半導体レーザの低温下におけるパルス発振に初めて成功した。つづいてIBMのネイザン、GE先端半導体研究所のホロニャック、MITのクイストが次々にゴールした。

　速報論文の受理日が九月二四日、一〇月六日、一〇日一七日、一一月五日という、僅か一月半以内に四件が集中するという、きわどい差での開発レースであった。一番後から開発競争に参加したホールが、僅か二ヵ月の実験で一番手となったのは皮肉である。

しかし、いずれも摂氏マイナス一九六度（絶対温度の七七K）でのパルス発振で、実用にはほど遠かったことから、室温（常温）で連続発振する半導体レーザの開発競争が世界の各地で火ぶたを切ったのである。

この様子については、第六章で詳述する。

■半導体レーザの発案をめぐって

半導体レーザの発案について、アメリカで次のような動きがあった。

一九六三年、半導体レーザの最初の発案者はフォン・ノイマンであるということを書いた本がアメリカで出版された。ノイマンは一九五三年九月、半導体のpn接合でキャリア注入による誘導放出の可能性を検討し、この手記（メモ）を手紙に添えて、カリフォルニア大学放射研究所のエドワード・テラー博士へ送ったとある。

このメモは未発表であったが、ノイマンの死後、一九六三年に発行されたノイマンの著作集の中に納められた。さらに、このメモはワシントンのマディソン記念館の中にある国会図書館に展示されているという。

後から述べるように、タウンズは一九五一年の春、メーザの着想を得て、当時その具体化のため実験を進めていた。一九五四年七月、マイクロ波の誘導放出に成功し、メーザを発明したのであるが、ほぼその一年ほど前、ノイマンとメーザについて話をしていた。この時メーザという名称はまだ付けられていなかったが、タウンズは実験中の誘導放出について話した。

プリンストン大学でのカクテルパーティーで、タウンズはノイマンからいま何をやっているかと聞かれ、誘導放出の話をした。ノイマンは即座に「そんな（ことは起こる）はずはない」と断言した。タウンズは「実験でも証明しました」と答え、いったん別れた。一五分ほどあとにまた会うと、ノイマンは「分かった。君のいう通りだ」と言ったという。最初に否定したのは、量子力学の基本原理である不確定性原理に反すると考えたからだった（『レーザはこうして生まれた』霜田光一訳　岩波書店）。

その後、ノイマンは誘導放出に非常に興味を示し、半導体の中の電子を励起し、赤外線の誘導放出を発生させるアイデアを考え計算までして、それをバーディンに書き送った。バーディンはトランジスタの発明者の一人で理論面を担当した。ノイマンはバーディンなら直ぐ理解するだろうと考え、手紙に記して書き送ったのだろう。

バーディンからの返事はなかったが、ノイマンの死後一九六三年になって、ノイマンの遺したノート類が本になり、半導体レーザのアイデアを記した部分が明らかになった。

フォン・ノイマン（一九〇三〜一九五七）といえば、ハンガリー生まれの数学の天才である。原子爆弾のマンハッタン計画にも参加したとされているが、その後もノイマン型コンピュータで名を馳せた。

ノイマンがタウンズとの会話でヒントを得て、半導体での誘導放出について考察したことは、残されたノートから間違いないが、死後にそれが公表されたという話である。

これを取り上げて一九六七年、西澤の提案にクレームをつけた日本の研究者がいた。ノイマンでなければ話題になったかどうか分からないが、いずれにしてもレーザの発振材料として、誰かが半導体を考えるのは時間の問題でもあった。

タウンズから誘導放出の話を聞いて、直ぐに半導体での電流注入による誘導放出を考えたノイマンはさすがであったが、正式に発表されたものとしては、西澤の特許が世界で一番早かったことに変わりはない。ちなみにノイマンのメモには、「キャリアの吸収が多いので、実現（誘導放出）は無理ではないか」と否定的な見解が記されている。

ホールらによって達成された半導体レーザの低温下におけるパルス発振の後、室温連続発振への挑戦が世界の各地で始まっていたが、これはかなりの難題であった。レーザを室温で発振させるには、大電流を流さなくてはならず、そうすると温度が上がって、発熱で発振がストップしてしまうからであった。一九六〇年代の後半に入ると、一向に成果の見えない室温連続発振の研究を打ち切るところもでてきた。

だが、ついに一九七〇年、世界のトップをきって旧ソビエトのヨッフェ物理技術研究所、つづいてアメリカのベル電話研究所がこの高い壁をクリアした。ベル研の達成者のなかに日本人の林厳雄がいた。室温連続発振の成功は、簡便で消費電力の少ない半導体レーザの実現にとって、大きな壁を乗り越えたことを意味し、光通信の実現を促進する重要な要因になった。

その数ヵ月後、コーニング社はカオが予測した低損失光ファイバを開発したと発表した。

半導体レーザの室温連続発振と低損失光ファイバの開発は、光通信の実現に至る二つの大きな関門を乗り越えたことを意味した。実際、この二つの大きな達成を機に、光通信の実現にむけた本格的な研究開発が始まったのである。

世界に先駆けて、光通信の最初の種を蒔いた西澤は、その後、マスコミからは「光通信の父」と呼ばれるようになった。光通信に必要な光源、光伝送路、受光素子の三つについて、いち早く発明、提案していたからである。

二〇〇二年七月、エレクトロニクスの分野で世界最大の規模と権威を誇る米国電気電子学会（ＩＥＥＥ）は、西澤の多年にわたる数々の研究業績を讃え、西澤潤一メダル（西澤賞）を創設すると発表した。西澤メダル創設の理由には、光通信に対する貢献も挙げられている。

ＩＥＥＥの最も権威あるメダルは、発明王のエジソン、電話を発明したグラハム・ベル、電波の存在を実証したヘルツ、固体回路を発明したキルビー、ノイマン型コンピュータを発案したフォン・ノイマンなど、電気・電子工学の分野で多大な業績を残した巨人たちの名を冠している。今回、東洋人としては初めて西澤がその列に加わった。ＩＥＥＥによる西澤賞の創設は、西澤に対する評価が世界的に確定したものと受けとめられている。

一方、カオは光通信に対する貢献として、一九九六年、日本国際賞を受賞した。

第二章　光通信の実現にむけて

西澤の提案とカオの予測によって、光ファイバが光通信の伝送路となり得ることが示され、光通信実現の道が開けてきた。この後、実際の光ファイバ開発をめざした競争が始まるのだが、どこもまだ手探り状態であった。

このような時、世界で最初に商品化されて売り出された通信用光ファイバがあった。それは何と日本からで「セルフォック」と名づけられてデビューした。「セルフォック」は通信用光ファイバとしては短命に終わったが、世界で一番早かったという意味で、その存在を歴史に残した。この話から始めることにしよう。

■初めての光伝送路「セルフォック」

一九六八年一一月、日本電気㈱と日本板硝子㈱は共同で「集束性光伝送体（セルフォック）」を開発したと発表した。いわゆる西澤が提案した、グレーデッド・インデックス型光ガラスファイバの最初の具体化であった。一キロメートルあたりの損失が二〇〇デシベル程度と大きかったが、通信用光ファイバとして発表された世界で最初の製品であった。

日本板硝子で当初から「セルフォック」の開発に携わったのが小泉健（後に取締役研究開発室長、現・日本板硝子材料工学助成会専務理事）であった。

小泉は一九五九年、大阪大学の物理を出て、日本板硝子に入社した。

一九六三年ごろ、日本板硝子の関連会社が胃カメラ用のステップインデックス型光ファイバを開発し、それを町田製作所というところで製作して当時話題になった。そこからいろいろ応用が考えられるということで、研究所にいた小泉は、当時の研究課長の上野一郎の指示で、光ファイバを開発した関連会社に半年ほど出向き勉強した。

研究所に戻り、いくつかの研究テーマを考えたが、まだ若かった小泉は一番難しそうな通信用光ファイバを選んだ。ちょうどその頃、東北大の西澤教授がGI型光ファイバの提案を行っていたが、専門分野の違った小泉はそれを知らなかった。

ガラスを使って光を導くとするならば、最大の問題はガラスによる光の吸収損失であった。当時ガラスでの損失はそう簡単に小さくならないと考えられていた。物理屋であった小泉は、ガラスの物性から損失の要因を探り、不純物を減らしていけば損失は小さくできると考えた。会社では石英ガラスは扱っていなかったので、多成分ガラスで考えた。

一九六五年ごろから、現在は日立の中央研究所にいる松村宏善と二人で光ファイバの研究を始めた。小泉がガラスの物性、松村がガスレンズの理論計算など伝播の計算をやり、いろいろ検討した。その結果、ガスレンズのアイデアをガラスでやってみようということになった。

翌年の一九六七年、通信の専門家との共同研究を計画し、日本板硝子と同系列の住友系の日本電気に申し入れた。日本電気で光通信を担当していたのは、中央研究所（当時の所長は染谷勲）の光エレクトロニクス部門であった。そこの室長が内田禎二で、当時内田らは空間伝送の光通信を考えていた。内田らは実験室から屋上にある送信機までは、当時ベル研で盛んに研究していたガスレンズのような形での光伝送を考えていた。小泉らはこの区間について、ガスレンズと原理的には同じものを、光ファイバで作ってみようと提案した。

当時、考えられたのはグレーデッド・インデックス型のマルチモード型光ファイバで、屈折率分布をファイバの中心部から周辺部にかけて変化させてやる必要があった。それをつくるために使われたのが、ガラスと溶融塩との間のイオン交換法であった。

硝酸カリウムなどの溶融塩の温度を上げていき、摂氏四〇〇度を越えると、溶融塩は水のようなサラサラした形状になり、カリウムイオンなどが浮遊する状態になる。そこにガラス棒を漬けると、ガラスの中のイオンと溶液の中のイオンが入れ替わって、ガラスの中に屈折率が変化して分布する構造ができることになる。

この手法は、もともとは航空機などに使う、強化ガラスの作製に使われていた。ガラスの強化では歪みを伴うが、光ファイバでは歪みは禁物なので、交換イオンの組み合わせに注意し、結局一価のイオン同士（カリウムとセシウムなど）を使った。

一方、イオン交換法によってできる屈折率分布は、レンズ状媒質として最適なパラボリック状分布が得られることから、レンズ作用をもつことになる。ガラス棒を輪切りにするだけで、球面加工をしなくてもレンズになるのだ。

このようにしてグレーデッド・インデックス型ガラスファイバを作っていったが、最初は直径が一ミリから二ミリメートルで、長さが一〇センチメートルぐらいであった。しだいに長さを増やし四メートルから五メートルまで伸ばしていった。途中からはガラス溶融の専門家にも加わってもらって改良を続けた。

一九六八年一一月、製品として出すことになり、特許を申請した後、「セルフォック」と命名し、新聞発表した。名付け親は日電の内田であった。セルフフォーカシング（自己集束性）から取ったもので、どこで切っても、そこで光は拡散しないので、光の出し入れが効率的にできた。広帯域伝送路としての可能性とマイクロレンズとしての応用について発表した。

当初、「セルフォック」は一キロメートルあたりの損失が二〇〇デシベルと大きかったが、コーニング社が二〇デシベルを発表したころは八〇デシベル程度まで下がっていた。その後、二重るつぼを使用することで連続製法の開発に成功し、長尺のファイバが製作できるようになった。低損失化もしだいに実現し、一九七〇年代半ばには、一〇デシベル以下のファイバも再現性よく製作できるようになった。

そのころから、国内でも光通信システムの実証試験が試みられるようになり、セルフォックの製作依頼が相次いだ。一九七八年には、米国ディズニーワールドのビスタフロリダテレフォンという電話会社が、世界で最初の商用光通信システムを日本のＮＥＣに発注。このシステムでセルフォック・ファイバが大量に使われた。

セルフォック・ファイバはこのころがピークであった。損失も一キロメートルあたり四デシベルまで持っていくことができた。パフォーマンスもよく、使用帯域も広くとれて強度もあって、よく健闘し、一九七〇年代中ごろまではよく使われた。

コーニング社の発表の後、シリカ（石英）ファイバの新しい製法の開発が盛んになり、一キロメートルあたりの損失が一デシベル程度という、低損失光ファイバがでるようになった。

合成ガラスを使ったセルフォック・ファイバは一気に追い抜かれ、シリカファイバとの競争はここまでで、損失ではとても競争できなくなった。日本板硝子では、一〇年近く続いた光ファイバの製造を打ち切ることにした。

日本板硝子は一九七八年ごろから、セルフォックのレンズ機能の応用開発に切り替え、セルフォックレンズアレイの事業化に力を入れはじめた。複写機の光学系への応用や光回路など、マイクロレンズが活用されるようになった。

そのなかで一九八〇年、米国のウエスタンエレクトリック社は、大西洋横断光海底ケーブルを敷設する時、半導体レーザと光ファイバの接合部にインタフェースとして、マイクロレンズの機能をもつ「セルフォック」を採用した。

その後、オプトエレクトロニクスの発展から、光導波回路をはじめとするマイクロオプティクスの研究開発が盛んになり、セルフォックレンズの応用はマイクロオプティクスへと羽ばたいていくことになる。

一九九〇年代に入り、米国で急激に普及しだしたインターネットへの対応として、光ファイバ回線需要が急増し、光波長多重に必要な分波合成器など、セルフォック・レンズを使う光部品が開発され、使われるようになった。

このように「セルフォック」は、日本での胃カメラ用光ファイバの開発が契機となって、ガラスメーカーの一研究者が通信用光ファイバの研究に着手したことで生まれた。折しも通信機メーカーで始まっていた光通信の研究と結びつき、相補完し合って両者の共同開発となったものだ。ガラスメーカーと通信機メーカーとがうまく合致したことで、世界初の光ファイバが製品化されたことになる。ところで、光ファイバ特許に関し、残念な事態が発生した。

第一章でふれたが、光ファイバ特許に関する係争が起き、二〇年という歳月を経て、結局西澤らの光ファイバ特許は未成立に終わった。その経緯について、簡単に振り返ってみる。

一九六九年、日本電気と日本板硝子は「セルフォック」の特許を光ファイバの製法特許として申請した。グレーデッド・インデックス型光ファイバの特許は、一九六四年、財団法人半導体研究振興会（発明者は西澤潤一と佐々木市右ヱ門の連名）から出願されていたので、「セルフォック」の特許は西澤らの基本特許の制約を受けることになる。

一九七一年、西澤らの特許が公告（昭四六・二九二九一、**写真2**）されると、日本電気と日本板硝子から異議申立て〔注〕が出された。その後、主に手続き上の問題で半導体研究振興会と特許庁との間で係争となり、光ファイバ特許問題は思わぬ展開となっていった。

決着がつかないまま、係争は裁判に持ち込まれ、一審では半導体研究振興会が敗訴となった。だが、一九八三年、二審判決では逆転し、原審差し戻しとなった。そこで、半導体研究振興会は再出願の手続きをとったが、特許庁はまたも手続き上の理由で受け付けを却下した。出願から二〇年後の一九八四年、出願の有効期限が切れて、西澤らの光ファイバ特許は、不幸にも未成立のままお蔵入りとなった。

　何故異議申立てが行われたのか、また特許庁との間で起きた係争がこうも長引いたかについては、外部からは判然としない。一説によれば、アイデアを出しただけで、実際に作りもしない学者に特許料を払う必要はないという、当時のメーカー側首脳の考えに基づいたものともいわれているが、真相は定かではない。

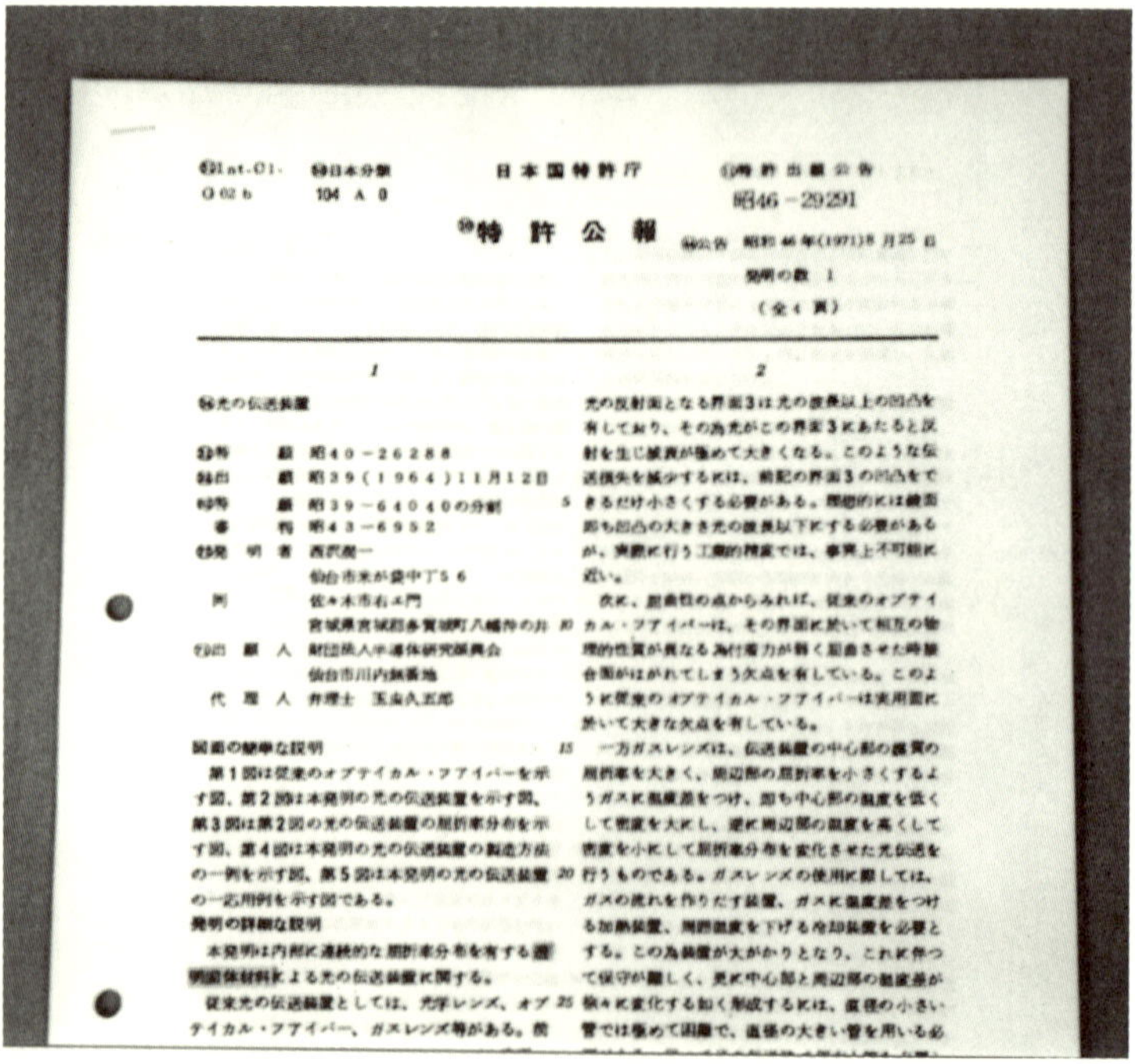
日本国特許庁
昭46－29291
特許公報
光の伝送装置
昭40－26288
昭39（1964）11月12日
昭39－64040の分割
昭43－6952
佐々木市右エ門
図面の簡単な説明
発明の詳細な説明

写真2　西澤潤一，佐々木市右エ門による光ファイバ特許出願公告

西澤はこの特許紛争に一歩も退かない方針で臨んだが、最後は時間切れとなってしまった。期限切れ前の一九八二年、『科学技術白書』に「一九六四年、光ファイバに関する西澤の独創的な提案がなされた」との記述があるが、西澤らの光ファイバの基本特許が未成立となったことは、本人はもとより日本にとっても、大きな損失となったのである。

〔注〕　アルミナにマグネシウムを添加した透明な棒は、棒の中心部から外周に向かってマグネシウムの成分比率が高くなることから、屈折率分布が変化し、レンズと同じ集光作用をもつ。これが光学素子として、すでに米国で特許が取得されていた。西澤らの特許は、光伝送路の材料を透明固体材料として、ガラスと特定しなかった。異議申立はこの点を突いたのである。

■コーニング社による衝撃的な発表

セルフォックが出た二年後の一九七〇年であった。アメリカのコーニング・グラスワークス社は、四年前にカオが予測した光ファイバを開発したと発表し、世界をアッと驚かせた。

当時、シリカ（石英）ガラスを扱っている会社は世界でも四つほどしかなかった。コーニング社はその一つで、一九三〇年、シリカガラスの製法を開発していた。シリカガラスを使った光ファイバの開発では、設計者はマウラーで、シュルツとケックの二人が実際に作り、出来上がった光ファイバの測定はカプロンが担当した。

試作を繰り返していたある日、作ったばかりの光ファイバのなかで、二〇メートルほどが一キロメートルあたりの損失が二〇デシベルという値を示した。カオの予測した光ファイバが実現したのだ。

この結果を一九七〇年九月、ロンドンで開かれたIWE主催の導波管による幹線系長距離通信会議の光通信セッションで、設計者のマウラーが発表した。会場は騒然となった。

この発表は世界に衝撃を与えた。四年前の一九六六年、カオが理論的に予測したことを実証したことへの驚きでもあったが、低損失ガラスファイバが光通信の伝送路として、実際に具体的な姿を現したという意味で大きかった。

通信屋からみれば、一キロメートルあたりの損失が二〇デシベルというのは、一つのメルクマールであったことから、これは使えるということで大騒ぎになった。

コーニング社では、原料の四塩化ケイ素をいったんガス化して、同じくガス化した酸化チタンを少量添加し、気相析出という化学的手法でシリカファイバを作った。これはCVD法（ケミカル・ヴェイパー・デポジション）と呼ばれたが、この製法は難しかった。マウラーが発表したのは特許の内容だけで、製法の技術的なことには言及しなかった。

これがコーニング社に対する悪評を生んだ。世界各地の通信関係の研究所などでは、コーニング社の追試をしようと躍起になったが、製法の詳細が分からず、苦労したようであった。一方、次項で述べるMCVD法の発表では、ベル研は製法を詳細に説明し、コーニング社と著しい対比をみせた。

ベル研もまたしっかり特許を押さえてのことであったが、当時は中小の特殊ガラスメーカーであったコーニング社と、米国の幹線系通信回線をほぼ独占していた大企業のAT&Tの研究所という立場の違いでもあったのだろう。

コーニング社が光ファイバの開発に着手するようになったのは、当時、ベル研の伝送部長をしていたジョン・ピアースが、一九六五年、米国電気電子学会誌に載った川上・西澤のGI型光ファイバの屈折率に関する理論論文と、その翌年の七月、英国の学会誌に発表されたカオ・ホッカムの論文を読んだ後、日本を訪れて西澤らに会い、帰国してからコーニング社に光ファイバ開発の話を持ち込んだのがきっかけだったとされている。

エレクトロニクス界のリーダーであるベル研は、当時ガスレンズ方式による光伝送路の研究はしてはいたが、ガラス線を使って光を伝送する研究には着手していなかった。ベル研の伝送部長であったピアースは、さすがに先を見る目があったようだ。西澤の提案とカオの研究発表によって、光通信の可能性が浮上したことをキャッチし、急遽対応策を打ったとみられる。

この時期、一キロメートルあたりの損失が二〇デシベルという低損失光ファイバを作ることができたのは、一九三〇年に石英ガラスの製造法を開発し、その製法に長けていたコーニング社なればこそであった。

コーニング社は、光ファイバの開発にかなりの資金を投入したことから、その基本特許を使って、広く海外に市場を展開していく戦略を考えた。ドイツのシーメンス、イギリスのＢＩＣＣなどと提携し、日本にも通信機メーカーとのペアで技術提携先を求めていた。

一九七三年、日本では古河電工を提携先に選んだ。通信機メーカーは同じ古河系の富士通であった。技術提携は、コーニング社の特許が日本で公開された時、日本のメーカーが光ファイバを製造することを認めること、その間、コーニング社から光ファイバのサンプルの提供を受け、古河電工がケーブル化の実験を行うという内容だった。

この特許に関しては、コーニング社は自社で開発した光ファイバの発表を前にして、世界の主要な先進諸国に二つの特許を申請していた。しかし、この特許の一つは日本では結局成立しないで終わった。

コーニング社の特許が日本で拒絶されたのは、次の理由からであった。
①光ファイバのコアの屈折率がクラッドの屈折率よりも大きいのは既知のことである。②石英ガラスが最も透明であることも既知のことである。③石英ガラスの中にチタンやリンの酸化物を添加すると、屈折率が大きくなることも既にガラスハンドブックに記載されている。
①と②については、一九三八年に日本で成立している関・根岸の特許がその根拠になった。この特許は水晶で出されているが、水晶は石英ガラスの組成であるシリコンの酸化物のケイ酸（SiO_2）の単結晶であることから、水晶は石英ガラスであるということだ。したがって、いずれも新規性はないと判断され、却下されたのである。
これは日本が意図的につぶしたという説もある。関係者によると「特許をつぶすのはそう難しいことではない」とのことだ。そのような場合もあるのだろうと受け取ったが、コーニング社は日本はアンフェアだと怒った。特許をめぐる熾烈な戦いの一例だろう。

もう一つの特許は製造法に関する特許であった。これは日本でも成立したが、日本ではすぐVAD法という独自の製法の開発に成功したことから、日本で光ファイバを製造することに関し、コーニング社の基本特許の制約はなくなった。

■MCVD法の出現

コーニング社による衝撃的な発表によって、一時光ファイバ旋風が起きたが、その四年後の一九七四年、今度はベル研が巻き返しに出た。MCVD法の開発であった。

その年、京都で開催された「国際ガラス会議」で、ベル研のマクチェスニーは開発したMCVD法で、波長〇・八マイクロメートルで損失が四デシベル／キロメートル、一・一マイクロメートルで一デシベル／キロメートルという光ファイバを開発したと発表し、世界に大きな衝撃を与えた。

この値は光ファイバが公衆通信用に使えることを意味した。電話局はほぼ五キロメートル間隔に設置されていることから、四デシベル×五キロメートル＝二〇デシベル／キロメートルとなり、電話局の間で増幅器を設置する必要がなくなるからであった。

通信用光ファイバは直径一二五ミクロン（〇・一二五ミリ）ほどのガラスの線である。これは人間の髪の毛の二本分に相当する細さだ。線自体は均質で一定したものではない。コア層という中心部とそれより僅かに屈折率の低いクラッド層がコアを取り巻いているという二層構造になっている。この中でコア部分は、シングルモードの場合、五～一〇マイクロメートルという細さだ。光は僅か百分の一ミリというコアのなかを伝わっていく（第一章の**図3**を参照のこと）。

このような構造の光ファイバは、一本一本の光ファイバの二層構造と全く同じ屈折率分布をもった、太さが一センチから三センチほどのプリフォーム（母材）とよばれるガラス棒を、引き延ばしてつくる。

光ファイバの代表的な製法としては、三つある。

コーニング社は一九七〇年に発表した損失が二〇デシベル／キロメートルの後、一九七二年にOVD法を開発した。そして、ベル研が一九七四年に開発したMCVD法、一九七七年、日本電信電話公社が開発したVAD法の三つである。

〔注〕 OVD法 → **Outside Vapour Phase Deposition**（外付け気相析出法）
MCVD法 → **Modified Chemical Vapour Deposition**（内付け化学的気相析出法）
VAD法 → **Vapour-phase Axial Deposition**（気相軸付け法）

この三つの代表的な製法を簡単に説明しよう（**図4**参照）。

OVD法は、細長いグラファイトの心棒を横にして、軸を中心に回しながら、気化した原料のガスを酸水素炎のバーナで心棒に一様に吹きつけ、ガラス微粒子を析出させ、堆積させていく方法である。この製法では、心棒の回転と心棒の端から端に移動させてやるガスバーナの速度を一定にしてやれば、かなり均質な多孔質母材が得られる。最後に心棒のグラファイトを引き抜いて、約一五〇〇度の熱を加えて透明なガラスにすると共に、引き抜いたグラファイトの部分を潰して母材が出来上がる。

MCVD法は一九七〇年、コーニング社が開発した最初の光ファイバの製法CVD法を改良したものだ。内付け化学気相析出法と一般にはわかりがたい名称が付いているが、製法の原理は簡単だ。

①中空の石英ガラスパイプを横にして、軸方向に回しながらガスバーナで加熱。

②ガラスパイプの中に、気化した四塩化ケイ素（$SiCl_4$）と酸素を送りこむ。

■OVD（外付け）法

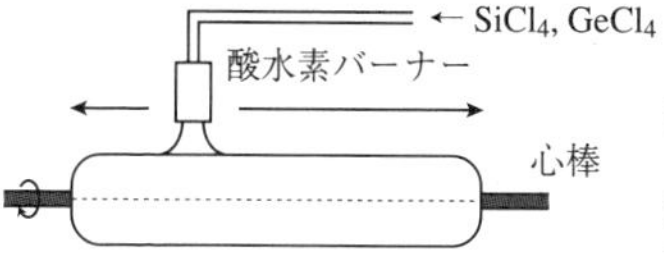

細い心棒を軸方向に回しながら，原料を吹き付け，酸水素バーナーで加水分解反応を起こさせ，ガラス微粒子を心棒の周りに堆積させていく。

■MCVD（内付け）法

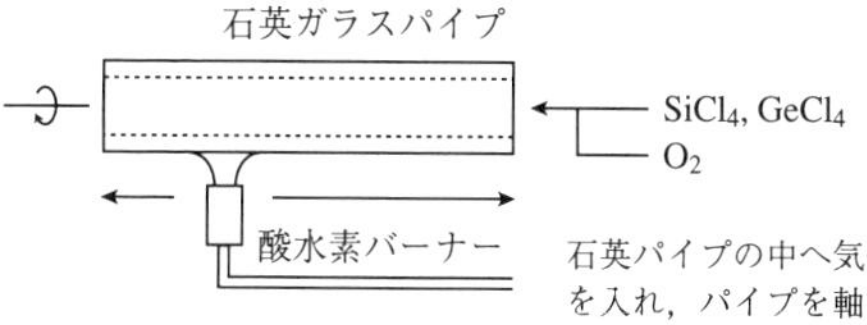

石英パイプの中へ気化した原料（$SiCl_4$, $GeCl_4$）を入れ，パイプを軸方向に回しながら，酸水素バーナーで加熱。
石英パイプの中で気化した原料と酸素が反応し，石英ガラスが堆積していく。

■VAD（軸付け法）

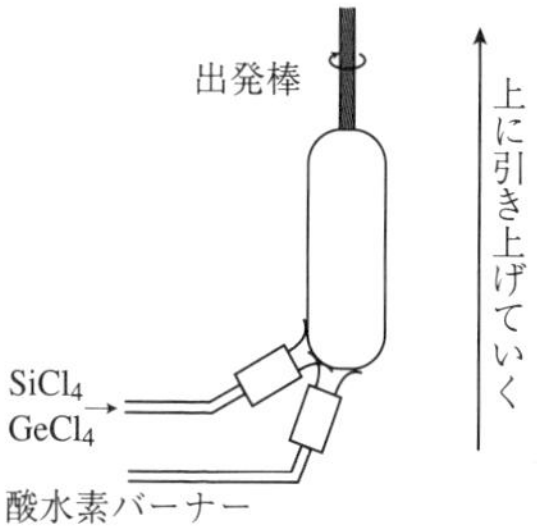

出発棒を軸方向に回しながら，その先端部に気化した原料を吹き付け，酸水素バーナーで加水分解反応を起こさせ，ガラス微粒子を堆積させていく。
屈折率の分布制御が難しい。

図4　光ファイバの代表的製造法

③ガラスパイプの中で四塩化ケイ素と酸素が化学反応を起こし、二酸化ケイ素（SiO_2）と塩素ガス（Cl_2）になる。二酸化ケイ素は石英ガラスそのもので、透明な膜となって石英パイプの内壁に付着する。加熱部をパイプにそって何回か移動させると、一様な厚さのガラス膜が形成される。これがクラッド部になる。

④次に中心部の屈折率を僅かに高くするため、パイプの中に四塩化ケイ素と酸素と一緒に少量の四塩化ゲルマニウム（$GeCl_4$）を送り込む。すると、二酸化ケイ素の中に二酸化ゲルマニウム（GeO_2）が混じった混合物が析出する。これがコア部となる。

⑤石英ガラスパイプの内壁に純粋石英ガラスのクラッド部、その内側に二酸化ゲルマニウムが僅かに混じった、石英ガラスのコア部が堆積した二層構造ができる。これをさらに加熱すると、中空部分が収縮してなくなり、直径一〇ミリメートル程度のガラス棒になる。これがプリフォーム（母材）だ。

⑥この母材を線引き機にかけて引き延ばすと、光ファイバができ上がる。

当初、ＭＣＶＤ法は一本の母材をつくるのに約八時間を要し、得られるファイバの長さも一〇キロメートル程度であった。だが確実に良質なファイバがつくれる優れた製法であることから、一九七〇年代後半、世界の石英ガラスファイバの標準的な製造法となった。

ＭＣＶＤ法がうまくいったのは、四塩化ケイ素と四塩化ゲルマニウムおよび酸素など、すべての原料を気体の状態で供給することにあった。気体の状態では不純物の除去が容易でかつ完璧にできるからだ。

屈折率を上げるためドープ（混入）する材料は、四塩化ゲルマニウムのほか二酸化チタン（TiO_2）、五酸化リン（P_2O_5）なども用いられる。屈折率分布を正確にするため、ドープする材料の注入はたえずコンピュータで制御している。

これに対して一九七七年、日本電信電話公社（以下、電電公社で現在のＮＴＴ）はＭＣＶＤ法とは全く異なる製法、ＶＡＤ法を開発した。

種棒と呼ばれるガラス棒を用意し、その先端部に原材料となる四塩化ケイ素、四塩化ゲルマニウムのガスを送り込み、酸水素バーナーで火炎加水分解反応を起こさせ、二酸化ケイ素や二酸化ゲルマニウムを析出させ、堆積させていく製法であった。

このＶＡＤ法については、あとで詳しくその開発経緯を追ってみるが、ＭＣＶＤ法に比べると原理的に継ぎ目のない光ファイバを作ることができることから、ＭＣＶＤ法よりも経済的で、かつ優れた製法として世界的に脚光を浴びることになった。

このようにして、現在使われている通信用光ファイバの基本形は、一九七〇年代にすべて出そろったことになる。その後実用化に向けた研究開発、現場試験を経て、実回線へと組み込まれ、本番での使用となっていったのである。

■光ファイバ研究に向けての体制づくり

光ファイバの優れた製造法であるＭＣＶＤ法の出現は、日本の通信システムの構築にも重要な決断を促すことになった。ＭＣＶＤ法では、光ファイバの損失を一キロメートルあたり一デシベル以下にまで、少なくできることを示していた。これは驚くべき値であった。

単純計算では二〇キロという区間を、無中継で伝送できることになる。それまで本命で進んできたミリ波伝送を飛び越え、光ファイバ通信が次世代の通信方式として、ほぼ確実となったことを意味した。光ファイバによる光伝送システムの姿がはっきりと見え始めたのである。

このような状況のなかで、日本は光通信に対してどのような対応をしていたのか、光ファイバの研究開発はどのようになっていたかを次に見ていくことにしよう。

光ファイバはガラスが素材である。エレクトロニクスの研究者にとって、ガラスはそう馴染みのある世界ではない。電電公社では一九六〇年代後半から、武蔵野電気通信研究所基礎研究部の第三研究室（略称、基礎三研）で、光伝送に関する研究をボツボツ始めてはいたが、ごく基礎的な研究であった。

一九七〇年、ベル研の林らによる半導体レーザの室温連続発振の達成とコーニング社による低損失光ファイバの発表は、日本の電気通信技術を実用化の面からリードしてきた電電公社に少なからずの衝撃を与えた。どちらも基本アイデアは、日本からすでに出ていた。だが、半導体レーザも光ファイバも具体化では、他国に先を越されてしまったのである。

電電公社の研究所では、「基礎研究から実用化へ」ということで、一般的には基礎研究と製品化との間の実用化研究が主体と考えられていた。将来に向けての基礎研究を軽視していたわけではなかったようだが、光通信については、はるか先のことという認識で、真剣に取り組んでいなかったと思われる。ここがベル研との差でもあった。

ベル研は次世代の通信システムとして、ミリ波導波管研究に力を入れていたが、結構光関連の基礎研究もやっていた。将来ものになるかどうか分からない基礎研究でも、まだまだベル研には自由に研究できるという雰囲気、余裕があったのであろう。

ミリ波導波管研究は、ベル研（クロフォードヒル）が世界をリードし、スチュアート・ミラーが引っ張っていた。直径五センチメートルほどの円形導波管で、三・二キロメートルの実験に成功していたが、直線コースではうまくいくものの、曲がりがあると、そこで損失が増大し、思うような結果が得られていなかった。

日本でも電電公社を中心に、ミリ波導波管の研究開発は熱心に行われていた。直線ルートでは二、三〇キロメートルはいくが、曲がりが入ると、三、四キロメートルで損失が大きくなり、中継器が必要であった。実際に線路を敷くとなると、日本では直線コースをとるのが難しく、新幹線の路床の下を通す案もでたりしたが、国鉄側の猛反対で消えた。

現場試験としては、一九六五年から八年にかけ、水戸の電話局と茨城通研の間約一五キロメートルで実験が行われた。結果はよくなく、導波管伝送の商用化は無理だということになった。

しかし、ミリ波導波管伝送に携わってきた研究者の思いは強く、どのような形で幕を引くかが問題となった。最後は青函トンネル内に敷設することで国鉄と話がついたが、これも実現しないで終わった。

一方で時代の流れは急速であった。

光通信の波がひたひたと足もとまで及んできていた。電電公社では翌年の一九七一年から、武蔵野通研と茨城通研で光ファイバ製造方法の研究を開始した。武蔵野通研では、光ファイバの研究は一時中断の形であったが、部長の指示で再開し、コーニング社の追試から入っていた。

後に光ファイバ研究開発の中心になる茨城電気通信研究所（当時は支所）では、一九七一年の年初、支所長と次長格の統括担当調査役が話し合い、いったんは光ファイバを新年度の研究テーマに採り上げないということに決めた。

支所長は「自分がやらないと言ったら、統括役はやろうと言うだろう」と考え、「やらない」と言った。だが統括役も「やらない」と応え、そこでやらないことになったが、支所長は慌てたらしい。二人とも材料屋で物理出身であった。それを聞いた、当時たまたま茨城支所にいた二人の伝送屋が「伝送の媒体となる光ファイバの研究をやらないという手はない」と強力に進言し、やることに決まったというエピソードがあった。

一九七一年三月、茨城支所は研究所に昇格した。前の年、武蔵野通研から茨城の誘電材料研究室に移っていた枡野邦夫（後に光線路研究室長）が光ファイバ研究担当に指名された。

その頃、真空管の時代からトランジスタの時代へと移り、かつていたガラスの専門家がいなくなったことから、誘電体を研究していた化学屋の枡野が選ばれた。枡野は金沢大学理学部化学科出身で、入社一四年目であった。

一〇月には「光学ガラス繊維の研究」企画書が策定され、誘電材料研究室の中に光ファイバ研究グループが形成された。枡野邦夫がリーダーでその下に宮下忠、枝広隆夫、中原基博、高橋志郎、堝文明、安光保らが集められた。彼らは強誘電体などの研究をしていた入社二、三年の若手で半ば強制的に集められた。その後、入社したての堀口正治が加わった。

枡野は初代茨城通研の所長から、七人について「失敗した場合の将来について、そこまで考えているのか」と言われたという。それほど光通信についての将来が見えない時代であった。

だが、彼らは積極的で熱心に研究に取り組んだ。宮下、枝広、中原、高橋の四人は昭和一八年生まれのマスター出であった。一八年組はお互い切磋琢磨して伸びていくのだが、枡野は彼らを〝光部品七人の侍〟と呼んで持ち上げた。

実際七人の侍たちは、日本の光ファイバ製造技術の礎になると共に、その後光導波回路やＰＬＣ（平面光回路）の開発に貢献し、その中からは販路をアメリカまで広げた人も出たのである。

枡野たちは最初多成分ガラスから手がけた。線路として使うからには、連続生産ができなければ意味がない。そこで二重るつぼ法による長尺光ファイバ加工技術で、損失が一キロメートルあたり四八デシベルという多成分光ファイバを開発した。

実用化まではいかなかったが、連続生産の考えがのちのＶＡＤ法に結びついていく。一方、石英ガラスでは損失が一キロメートルあたり一〇デシベルを実現した。

枡野チームをスタートさせ、助走を開始したものの、電電公社はまだまだ本腰を上げて光通信に取り組むという姿勢ではなかった。

だが、追い打ちをかけるように、京都で開催された国際ガラス会議でベル研からＭＣＶＤ法が発表された。光通信に向けての流れが決定的になったのである。ベル研は光通信でも着々と成果を挙げている。このままでは、日本はかつての半導体と同じように、光通信の基幹技術の開発でアメリカに後れをとってしまうのは明らかであった。ベル研の発表で日本の電電公社はようやく目を覚ますことになった。

衝撃を受けた電電公社では、一九七四年に入ると、本格的に光ファイバの研究開発に取り組む体制づくりに入った。まず、武蔵野と茨城に分かれていた光ファイバ研究部門を茨城通研に統合し、光ファイバ関連の研究者を集結させた。

そして昭和五〇年代（一九七五〜一九八四）の重点研究項目として、超ＬＳＩ、デジタル通信に加え、光ファイバ通信を掲げた。

この間、損失二〇デシベル／キロメートルの光ファイバの開発に成功したコーニング社は、すでに述べたように、光ファイバでの世界市場を制覇するという戦略を立て、その足場づくりのため、世界の通信ケーブル各社に技術提携をもちかけるという攻勢を開始していた。

このような背景の下、当時の研究開発本部長の小口文一は〝日本の通信技術開発全体の責任を負う通研としては、なんとしても自主技術開発で量産化の道を拓かなくてはならない〟と檄を発したとある（『ＮＴＴＲ＆Ｄの系譜』ＮＴＴアドバンステクノロジ㈱編）。

そこで決まった方針が「低損失光ファイバの開発と実用化可能な量産化技術を開発する」ことであった。具体的には①ＭＣＶＤ法を改善し高度化する、②新しい製造技術を開発するという二つで、その推進のため茨城通研に二つの研究グループを発足させた。

次いで一九七五年五月から、光ファイバケーブルの国産自主技術の早期確立のため、電電公社の茨城電気通信研究所と大手電線メーカー三社による共同研究開発体制がとられた。このプロジェクトは、九年近くつづき、一九八三年九月に終了した。

共同研究の様子については、次章（第三章）で詳しく述べる。

■コーニング社の発表を聞いたメーカーの対応

電電公社はメーカーとの共同研究を始めるに際し、一九七五年に入ると、共同研究の相手を選定するため、茨城通研を中心に各電線メーカーの力量調査を行った。

最終的に選ばれたのが古河電気工業㈱（以下、古河電工）、住友電気工業㈱（以下、住友電工）、藤倉電線㈱（現・㈱フジクラ、以下藤倉電線またはフジクラ）の三社であった。その後、一九七八年に日本大洋海底電線㈱が加わった。

当時、次世代の通信システムとして、同軸ケーブルによる多チャンネル化の研究から、さらに大容量のミリ波帯での通信が目標となっていた。電線メーカー各社は、ミリ波通信の伝送媒体として導波管の研究開発をしており、実用化に向けて電電公社と共同研究の最中であった。

一九七〇年九月末、ロンドンで開催された導波管による幹線系長距離通信会議には、日本の電線メーカー各社からも研究者や技術者が出席していた。

住友電工の星川正雄（現・専務）もその一人であった。当時研究していたミリ波関連の研究発表をするためであった。会議の終わり近く、光ファイバのセッションで、コーニング社から一キロメートルあたりの損失が二〇デシベルという光ファイバを開発したとの研究発表があった。

終わると会場はざわめき、多くの質問が相次いだ。だが、この時星川は比較的冷静に受け止めていた。日本ではすでに「セルフォック」が出ていたし、同じ住友系の日本板硝子とは合成ガラスの研究で付き合いを始め、むしろ住友電工のほうが進んでいたくらいであったからだ。

いずれにしても、コーニング社の発表は、日本の電線メーカーにも衝撃を与えた。光ファイバが光通信の伝送媒体として大きく浮上してきたからである。電線メーカーでは、カオの論文が出た後、光ファイバの研究をそれなりに始めていたところもあったが、実用に結びつく光ファイバの出現は大きかった。その後の対応は様々であったが、これを機に各社は光ファイバの研究に本格的に取り組み始めた。

電線メーカーの上位三社のなかで、藤倉電線はガラスなど扱ったことがないので、暗中模索からのスタートだった。将来光がどうなるか分からなかったが、ミリ波導波管研究を続ける一方で並行して光ファイバの研究に入った。現在フジクラの専務である稲田浩一は、否応なしに光ファイバの研究に取り組むことになったが、ミリ波導波管研究開発と同じように、光ファイバについても電電公社と共同研究することを望んだ。

先行きが分からない研究開発は、民間会社としてリスクは大きい。他の電線メーカーも事情は同じであったが、藤倉電線は電線メーカーの上位三社に入っているとはいえ、古河電工や住友電工に比べ会社の規模は小さかった。稲田は電電公社との共同研究を強く望んだが、共同研究の相手として認めてもらうには、藤倉電線にその力があることを示す必要があった。

藤倉電線は研究者の数も少なかった。だが、将来のため光ファイバの研究をやるという、当時の上層部の認識は一致していた。光ファイバに取り組む姿勢には、並々ならぬものがあったようだ。一九六三年に藤倉電線に入社した十年選手成り立ての稲田が、フジクラの光ファイバ研究開発を引っ張っていくことになった。

古河電工は一九七三年、コーニング社の申し入れを受け入れ、技術提携する道を選んだ。自分のところで光ファイバを製造することはしないで、コーニング社が製造した光ファイバを買い取って、それをケーブル化するという方針であった。早々と社内に光プロジェクトチームを発足させ、光ケーブルの研究開発に入っていた。

ＭＣＶＤ法の発表と前後する形で、プロトタイプの四芯光ファイバケーブルの試作に成功。翌年の夏、この光ケーブルを使って千葉の工場内に架空二〇〇メートル、地中二〇〇メートルを敷設し、エージング試験を行い、特性に変化のないことを確認した。この敷設実験は世界最初のものであった。ベル研が二年後の一九七六年春、アトランタで行った光ファイバ通信実験は、この古河電工の敷設実験に刺激を受けたともいわれている。

古河電工は独自に光ケーブル化の開発に取り組んでいたことから、古河電工の上層部は、共同研究が始まる前まで「いまから光ファイバをやっても追いつくはずはない」として、光ファイバの製造に乗り出す構えを見せていなかった。

だが、共同研究初代委員長の丸林元（当時電電公社茨城通研線路研究部長）は、メーカーの役割として、まずＭＣＶＤ法を徹底的に研究し、その製造技術をしっかりマスターすることを第一と考えていた。一方、日本独自の製法の開発もしっかりやるという強い決意を持っていた。

結局、古河電工も最終的には共同研究に参加し、光ファイバの製造も担うことになった。

今から振り返れば、古河電工にとっては良き選択であったのだが、当初古河電工は光ファイバの製造について、研究は何もやっていなかったことから、ガラスの扱いなど他社よりも後れており、そのため立ち上がりではかなり苦労したようであった。

当時、古河電工の総括技師長であった村田浩は、コーニング社で作った光ファイバを使って光ケーブルを開発するプロジェクトのリーダーであった。村田の机は丸の内にあったが、連日、千葉の工場に通いづめであった。

だが、一九七四年、京都で開かれたガラスの国際会議で、MCVD法の発表があった後、村田はベル研を訪ねていた。MCVD法の発表に衝撃を受けたからである。

そのころのアメリカは、特許料はしっかり取ったが、まだ日本に対して寛容であった。ベル研には発表の自由があり、何でも話してくれたし、教えてくれた。村田はマクチェスニーにも直接いろいろ教えてもらった。マクチェスニーは、オールドアメリカンを代表するような人物で、大柄で優しく、明るくて朗らかな好人物であった。

一方、同じアメリカでもコーニング社のほうはお固い会社であった。村田はベル研との肌合いの違いを感じていたが、その後、共同研究が始まると、古河電工もMCVD法による光ファイバの研究開発に参加するようになった。

比較的すべり出しよく光ファイバの研究に入ったのが住友電工である。カオの論文がでた後、一九六〇年代の終わりごろから、現会長の中原恒雄や現専務の星川政雄ほか二、三人でスタートした。電線メーカーとして新しい伝送媒体の研究は必要であったからだ。

当初は光ファイバの材料として、どれがよいかという研究から入った。石英系ファイバだけでなく、液体コアファイバ、多成分ファイバ、プラスチックファイバなど幅広く、さまざまな面から光ファイバの材料と技術の可能性を研究した。結局、カオのいうように、石英ガラスが良いのではないかということになった。

また、当時のトップの判断で、それなりの資金を投入し、光ファイバ製造のパイロットプラントを横浜工場内に設営した。このパイロットプラントで、光ファイバのいろいろな製造法を試作したり、いまでは光ファイバケーブルの基礎技術になっていることを研究し、将来への対応を模索した。共同研究が始まる前までの三、四年で次に記すようなかなりの成果をあげていた。

①線引きしたあと、様々な要因でガラス線にはキズがつきやすい。そこで、すぐに被覆するタンデムプライマリー技術。②ファイバ線の強度を増すことと、曲がりなどでも損失が増えない対策として、光ファイバ線を初めに柔らかい被覆でコートし、その上に硬い被覆をするというダブルコートの技術。③光ファイバの連続的製法として、母材を軸方向に成長させるという製造法。④損失の少ない光ファイバ作製のため、コアの部分は純粋石英ガラスのままとし、クラッド部にドーパントを入れた純粋石英コアファイバ。これは割高にはなるが、無中継伝送ではいまでも使われている。

住友電工では、このような研究成果を共同研究開始前に、しっかり特許にしている。

一方、藤倉電線も一九七二年、光ファイバ開発部隊を発足させた。白金るつぼを用いた多成分ガラスファイバや高周波プラズマを用いた石英ガラスの作製等の検討から入り、石英ガラスをコアにしたシリカコア光ファイバを独自に開発した。これは石英ガラスをコアにシリコン樹脂をクラッドにした構造の光ファイバで、一九七三年三月、損失が二〇デシベル／キロメートルを達成した。一九七四年一〇月には、二・四デシベル／キロメートルという低損失光ファイバを実現した。

伝送帯域はそう広くはとれなかったが、コア径が太く、接続も簡単で光を入れやすかったことから、構内ケーブルや数百メートルの短距離用光ファイバとして使われた。

一九七四年にベル研からMCVD法が発表された時はショックであった。それまで藤倉電線は材料としてガラスを扱ったことがなかったが、もっと真剣にガラスのことを研究しなければならないと考え、急遽社内から化学を出た材料屋を集めた。腰を据えてMCVD法による光ファイバの製造に挑戦していく体制を敷いた。

そのような経緯があって、藤倉電線は古河電工、住友電工と共に電電公社との共同研究の相手に選ばれたのである。

■光伝送システムの立ち上がり

さて、いよいよ共同研究が開始されるのだが、その前に話はちょっと前後するが、光ファイバを使った光伝送システム、つまり光回線の構築の立ち上がりについてふれておこう。

日本での光ファイバ通信の最初の実証試験は、一九七六年五月から始まった。

それは電電公社ではなく、東京電力や関西電力という電力会社が、日立製作所、日本電気、富士通というメーカーの協力を得て行った実証実験だ。電力会社は早くから光ファイバの無誘導性に着目し、電力用通信線への活用を考えていた。

四芯のステップインデックス型光ファイバケーブルを使って、伝送速度六・三Mbps（メガビット／秒）、距離が一～三キロメートルの距離での実験であった。ベル研はその三か月前、アトランタで最初の光ファイバの実験を行っていた。

一方、日本の公共回線の元締めである電電公社の対応はどうであったか。

コーニング社の発表の後、電電公社の伝送研究部門では、光ファイバ通信への対応を検討したが、内部では光ファイバ伝送システムの開発については、解決すべき基礎的研究課題があまりにも多すぎるとして、時期早尚とする意見が多かった。

先に記した茨城通研での「やる、やらない」というエピソードに示されるように、即座にやろうという空気ではなかったのだ。

だが、光通信に向けた動きは急速に進みつつあった。国内の電力会社やベル研で光ファイバ伝送システムの評価実験が実施されようとしていた。当時電電公社では次世代の通信システムとして、ベル研と同じようにミリ波伝送システムの研究を重点的に進め、一九七五年前後にはその実用化の一歩手前まで来ていた。

そのような中で、光伝送システムの所内伝送実験を計画し、実現させたのは、ほかならぬミリ波伝送研究室長の島田禎晉（現・矢崎総業常務取締役兼オプトウエーブ研究所長）であった。島田はミリ波伝送から光伝送への移行期、光伝送システムの構築にかかわるという重責を担うことになった。

島田は直感力に優れた、先見性に秀でたタイプで、研究テーマでもこれはと思うものを大胆に取り上げ、実行するという研究者であった。

一九七五年、島田はミリ波伝送研究室長に就任すると、ミリ波研究と並行して光伝送システムの実用化研究をスタートさせた。早くもその年の秋、一〇年間を通した光伝送システムの研究目標を設定。その第一番目が一九七六年に設定した所内伝送実験だった。

いち早く所内実験を設定したのは「実験室段階でのトップデータだけからでは抽出できない問題も多いので、今後実用化を狙うとすれば、ある程度まとまった規模の伝送実験を行い、問題点を洗い出しておくことが必要」(『研究実用化報告』第38巻第3号)という考えからであった。

さらに島田は「技術に関して未知なものは早く経験して済ませ、問題点を抽出する」という技術観、いわば哲学をもっていた。

島田は時期早尚という周囲の声を説き伏せ、一九七六年一一月、横須賀通研で所内の伝送実験(TL)に踏み切った。システム研究部門の推進役に島田を得たことで、日本の光伝送システムは、多少後れ気味ではあったが、構築に向けて立ち上がったのである。

実験の目的は、発光素子、受光素子、光ファイバ、コネクタ、測定器などの基本技術を明らかにし、システムの実現性を確認することにあった。ようやくケーブル化ができた八芯光ファイバケーブルを四〇〇メートルの洞道内に敷設し、三二Mbpsと六・三Mbpsの伝送速度で、近距離用伝送システムの実験であった。

ただ、この実験で使った光ケーブルは、ステップインデックス型マルチモードであった。その年の春に行われたベル研でのアトランタ実験では、グレーデッド・インデックス型マルチモード光ファイバを使っていた。日本では、グレーデッド・インデックス型光ファイバの屈折率分布の制御技術が不十分で、特性にバラつきがあったからである。

一九七七年、ミリ波伝送研究室は光伝送研究室と看板を替えた。引き続き島田が室長で、一九八〇年まで光伝送プロジェクトの推進役を務めた。

伝送研究部門は、光ファイバケーブルを直接担当する部ではなかったが、出来上がった光ファイバケーブルを使って、実際の光伝送システムつまり光ファイバ回線を構築する役割を担っていた。したがって、個々の部材にシステム側としての要求仕様（スペック）を出した。

光伝送研究室から出されるスペックは、それは厳しいものであったという。

島田はミリ波導波管伝送研究の経験から、伝送システムは伝送媒体が決め手になる、伝送媒体がシステムを制すると考えていた。だから、実際のシステムを構成し、現場実験をやって、システム全体としての出来具合を判断していく立場から、光ファイバケーブルに対して、システムとして求める目標値を設定した。

島田はその時の技術で、一番確実に実現できる技術の究極を究めようとの考えから、目標値を設定した。メーカーにとっては真に厳しいスペックであった。島田の考えは、いまのままではその目標は絶対にクリアできないが、技術をもう少しステップアップすれば、必ず出来るという確信に基づいていた。

いたずらに厳しい目標値ではなく、確固とした考えに基づいたスペックだったのだ。このスペックに対し、メーカーは必死になって、なんとか目標値を達成するよう努力した。島田のリードが巧みだったことになるが、島田はシステム構築という立場から、共同研究全体にも様々な注文をつけた。それが他部門との軋轢を生んだ。全体のリーダーでもない人物が何をいうかと反発をかったのだ。だが、島田は伝送部門の役割は、全体の中ではオーケストラの指揮者のようなものだという考えを持っていた。したがって、自分が全て取り仕切るという考えが誰よりも強かった。

島田のたび重なる強引な要求に音を上げたある人物が、研究所長に島田を室長から降ろしてほしいと直訴までしたこともあったという。だが、その人物は、日本の光伝送システムが短期間に立ち上がっていったのは、島田の力が大きかったことを認めている。

島田は一九六〇年、東京工業大学の電気工学科を卒業後、日立製作所に入った。中央研究所でミリ波の立体回路の研究に携わっていたが、三、四年後にミリ波プロジェクトが中止になった。一九六六年、ミリ波導波管伝送の研究を進めていた電電公社の武蔵野通研に移った。

武蔵野通研で三、四年ミリ波立体回路の研究に専念した後、マイクロ波・準ミリ波のＰＣＭ無線通信伝送の実用化研究などにも携わった。そのころから島田は光に注目し、光伝送関連の文献を探しては、目を通していた。

一九七二（昭和四七）年一一月、横須賀電気通信研究所が発足し、島田はそこの企画管理室に異動となった。そして、その三年後にミリ波伝送研究室長に就くのだが、企画管理室を出る時、島田は光をやらせてほしいと申し出ている。

島田には、十数年に及ぶミリ波を中心とした伝送技術の研究体験と、光通信に対する思い入れがあった。日本の通信システムの端境期において、ミリ波研究の終焉と光伝送システムの構築という、重要な仕事を担うには最もふさわしい経歴をもった人物であった。

第三章　共同研究による光ファイバの開発

■共同研究の始まり

一九七五年五月、電電公社と電線メーカーによる光ファイバの共同研究が始まった。このプロジェクトはあらゆる意味で画期的であった。共同研究開発は第一期、第二期が三年ずつ、第三期が二年半で、計八年半に及び、一九八三年九月に終了した。

＊第一期（一九七五年五月～一九七八年三月）
＊第二期（一九七八年四月～一九八一年三月）
＊第三期（一九八一年四月～一九八三年九月）

光ファイバケーブル共同研究委員長には、第一期が丸林元、第二期と第三期が福富秀雄が就いた。当時の日本電信電話公社茨城電気通信研究所線路研究部長が兼任する形であった。

技術面での実際の司令塔は、線路研究部長の下の光線路研究室長と部品材料研究部の光部品研究室長であった。実際には光線路研究室長が全体的なまとめ役を務めた。第一期の光線路研究室長は前出の枡野邦夫であった。

光伝送システムの構築は、すでに述べたように共同研究の範囲外とされ、電電公社内のプロジェクトとして発足していた。島田を室長とする光伝送研究部門は横須賀通研にあって、線路研究部門や部品材料研究部門で開発された技術をまとめ、伝送システムとして構成し、実際の通信回線を実現する役割を担っていた。共同研究の分科会には、光伝送研究室から毎回担当者がオブサーバーとして出席していた。

さて、室長である司令塔を補佐し、事実上の技術の元締めだったのが枡野の下の内田直也（現・古河電工技師長）であり、伝送部門では三木哲也（現・電気通信大学教授）であった。

内田は京都大学電子工学科を卒業後、一九六三年武蔵野通研に入り、誘電体関係の研究をしていた。一九七六年一月、茨城に異動となったが、それまでは光ファイバにはほとんど関心がなかった。アクティブなものに興味をもって、研究室にこもる頭だけの生活であった。茨城に新しい組織ができて、司令塔補佐として、頭と身体を使えといわれ、自ら転身をはかったという。

小学生のころから始めたピアノの腕前は一流で、大学卒業後、本気になってピアニストの道に挑戦しようとして、就職が一年遅れたという変わり種でもあった。

一方の三木はばりばりの伝送屋であった。

三木は一九七〇年、東北大学大学院博士過程（電気・通信工学専攻）を終了し、横須賀通研に入った。ＶＡＤ法の開発者である伊澤達夫とはドクター出の同期であった。横須賀では主に同軸ケーブルによるデジタル伝送技術の研究開発に従事していた。

一九七四年、部長から急遽光通信を検討するよう指示され、一九七五年から島田室長の下で、光ファイバ通信のシステム検討、設計に入った。島田が光伝送システムの構築を強力に進めることができたのも、三木という屈指の伝送屋がいたからである。三木は光回線構築の実質的リーダーとして采配を振るい、実際に光ファイバ回線が敷設され、商用化に入っていく段階では、一時期技術局に席を移し、現場の敷設全般の司令塔として活躍した。

光ファイバの研究開発は部品材料研究部光部品研究室でやっていた。その中に新製法の開発チームとして、伊澤達夫、塙文明、須藤昭一の三人がいた。

仕事の分担は、光ファイバ開発の光部品研究グループ、それをケーブル化して伝送路とする光線路研究グループ、システム構築の光伝送研究グループと分かれていた。どこが上位ということはなく、研究所内では同列であった。通研の中ではお互いに材料屋、線路屋、伝送屋と呼びあっていた。この三グループの間では、たえず確執があった。

伝送屋は線路屋に対し、「お前らはケーブルを作れ、評価はわれわれがやる」という態度であった。ファイバを作ったほうも伝送特性を知りたがったし、ケーブル化する側、システム設計の三者で、いつもああだこうだと言いあったという。

いい意味では切磋琢磨という世界だった。通研にはドクター、マスターを出てきた研究者が多く、その道では誰にもまけないという気位の高い連中の集まりであった。

内田はそれまではケーブル屋などドロ臭いと思っていたが、研究室にこもっていた頃に比べ、知らなければならないことが多く、いろいろ勉強で忙しくなった。正に体と頭を使って動き回る日々となった。

共同研究が開始され、最初に取り組んだのはベル研が開発したMCVD法を徹底的に追求し、わが国としての光ファイバ製造技術を確立し、さらにMCVD法を改良して高品質光ファイバを開発することであった。

アメリカで開発された技術の後追いであったが、まずは軒先を借りて母屋をうかがい、母屋でやっていることを学びとり、そのあとで母屋を凌ぐものを作るという、戦後しばらくの間、半導体産業などで日本がとった、いつものやり方であった。

だが、第一期での成果は、MCVD法による光ファイバ製造技術の基礎を確立しただけではなかった。一・〇マイクロメートル以上の長波長帯に光の吸収損失の低い領域があることを発見したこと、軸方向に母材を成長させるという光ファイバの新製法を開発したこと、長尺の線引き技術の開発、接続技術の開発、ケーブル化など、その後世界に誇れる素晴らしい光ファイバ技術を、いくつも生み出すという成果をあげたのであった。

さて、光ファイバではモードのことがでてくるので、モードについて触れておこう。

先に述べたように光ファイバは、光が通るコアの部分とそれを取り巻くクラッドの部分の二層構造からできている。コア部とクラッド部の屈折率が違うため、理論的に光はその境目で全反射され、コアから外に洩れることなく、その中を全反射をくり返しながら進んでいく。

光がコアの中を進んでいく様子は、小刻みに反射を繰り返して進むものから、ゆったりとした間隔で進むものまで様々であるが、コアの中の光の進み方はモードという言葉で表す。コアの中を複数のモードが通れるタイプをマルチモード光ファイバ、一つだけのモードしか通さないタイプをシングルモード光ファイバという。

このモードの違いで、ファイバの一方の端から他方の端まで、光の通る距離は違ってくる。小刻みに反射を繰り返して進む光の行路は長く、ゆったりとした間隔で反射を繰り返す光の行路は短くなる。従って、マルチモードではモードの違いつまり光の行路の差で、光はバラバラに着くことになる。これをモードの分散という。

しかし、コアの中心部からクラッド部にかけて、屈折率分布を徐々に小さくし、コアの内部で全反射される光をコアの中心部に集束させていくという、グレーデッドインデックス型ではモードの分散はない。

それは、ガラスの中を通る光の速度は屈折率が高いところは遅く、屈折率の低いところは早くなることから、屈折率分布を最適にすれば、モードが違っても光の速度に差がなくなることが分かったからである。光ファイバは初めのうちはマルチモードが一般的であった（**図5**参照）。

だが、グレーデッドインデックス型光ファイバでは、コアの中心部からクラッドの境めまでの屈折率分布を最適につくる難しさがあ

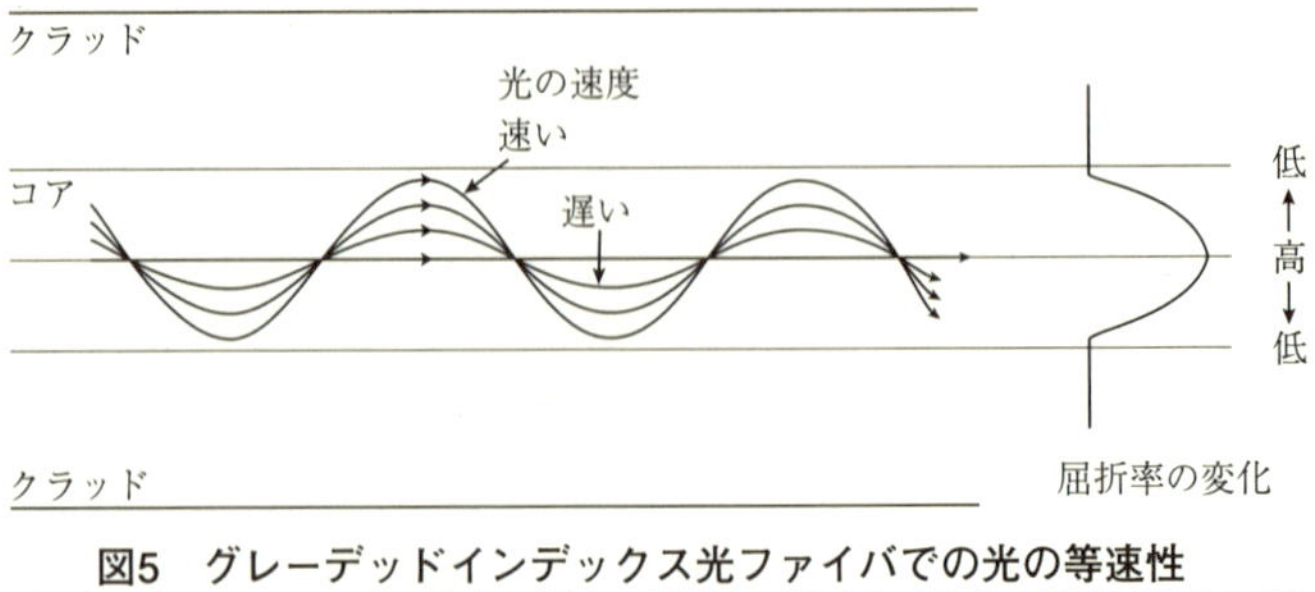

図5　グレーデッドインデックス光ファイバでの光の等速性
（屈折率が高いところは光の速度は遅く，屈折率が低くなると光の速度は速くなる）

り、また伝送帯域も広くとれない。

シングルモードではコアの外径、コアとクラッドの屈折率の差などを調整して作るという難しさはあるがモード分散の問題はなく、伝送帯域も十分に広くとれる。いまや光伝送路としては、シングルモードの光ファイバが大半を占めるようになった。

■MCVD法の徹底追求―低損失化光ファイバの実現

MCVD法の徹底追求では、まず損失を極力減らすことが目標となった。当時、ガラスの吸収損失についてカオらの研究はあったが、それで十分ではなかった。

ガラスの光に対する吸収特性について、マクロ的には紫外線、可視光線、赤外線の領域でそれぞれ独立に測定されてはいたが、光通信として、どの波長がどのような吸収特性を示すかは明らかでなかった。特に可視光線領域から近赤外線領域は未知の部分であった。

すでに述べたように、一九七四年、京都で開かれた「国際ガラス会議」で、ベル研は波長〇・八マイクロメートルで一キロメートル当たりの損失が四デシベル、一・一マイクロメートルで一・〇デシベルという衝撃的なデータを発表した。

当時、日本でもメーカーを中心に光ファイバの研究開発に着手していたが、共同研究が始まる前までは、〇・八マイクロメートルで損失が一キロメートル当たり一〇デシベル程度がやっとであった。

光ファイバの製造では、原料と製造装置（作り方）をどうするかが問題であったが、共同研究では、まずMCVD法の追試から始め、ガラスの純度を徹底的に上げて、吸収損失を極力少なくすることを目指した。

純度を上げるには、遷移金属（鉄、ニッケル、コバルト等）の混入を極力少なくし、ゼロに近づけることであった。だが、純度はかなり良くなったがいっこうに損失は変わらない。そこで研究グループは、振り出しに戻って、損失要因を徹底して分析することにした。

吸収損失要因としては、材料固有によるものと外的要因によるものがある。外的要因については、遷移金属とOH基つまり水分であった。遷移金属は十分に注意して除去したので、残るはOH基であった。

水分の除去問題では、藤倉電線のはたらきが大きかった。

藤倉では、稲田を中心に光ファイバの研究に入ったが、通信屋以外にも材料屋が必要とのことで、化学屋の小山内裕が加わった。

小山内は医者になるつもりで弘前大学医学部に入ったが、性にあわないと思い理学部の化学科に転換した変わり種であった。藤倉電線に入り、材料研究部で機器分析の手法を導入したり、ケーブルに使うプラスチックの研究に取り組んだりしていた。

光ファイバの研究開発にかりだされた小山内は、最初とまどいの連続であった。通信屋の稲田と同期入社であったことから、稲田から通信についていろいろ教わったという。二人は良きライバル関係となり、藤倉電線の光ファイバ技術を引っ張ることになった。

藤倉が立てた目標は、光ファイバの損失を徹底的に少なくすること、光ファイバの強度を強くするという二つであった。

光ファイバの損失要因であるOH基が、ガラスの中に一ｐｐｍ（parts per million、百万分率を示す単位表示）混入すると、一キロメートル当たりでは、波長〇・九四五マイクロメートルで〇・八三デシベル、一・三九マイクロメートルで〇・五四デシベルの吸収損失を生じる。

当時、石英系ファイバは一〇ｐｐｍ以上のOH基を含んでいて、このOH基を除去するのはほとんど不可能と考えられていた。さらに、OH基の混入経路も解明されていなく、一〇ｐｐｍ程度の水分を除去するのは至難であった。だが、OH基を除かないと、一キロメートルあたりの損失が五～一〇デシベル以下にはならないのだ。

小山内らは水分を徹底的に取り除こうとした。分析の手法を使って原料を精製することにし、ガス系からの汚染を防ぐため、クリーンルームまで作った。

水分（OH基）は原材料に含まれるものと製造過程（設備装置）で混入するものとあった。

原材料の四塩化ケイ素の中には、生成過程からトリクロロシラン（$SiHCl_3$）が含まれていた。トリクロロシランの水素が酸素と反応してOH基になるのだ。結局四塩化ケイ素を蒸留精製することで、トリクロロシアンを取り除くことができた。

また、出発母材の石英パイプ、つまり天然石英には二〇〇ｐｐｍ程度の水分が含まれている。MCVD法では、パイプの内壁にクラッド部やコア部を堆積させて母材を作るが、最後に残る僅かな中空の部分は、パイプ全体を加熱して柔らかくし、押し潰して無くす。この処理で出発母材に含まれている水分が拡散し、全体に広がるのだ。

この対策として、製造中の温度設定やドーパント〔後述〕が、ＯＨ基の拡散を抑止する効果があることを利用することになった。設備についても、水分の混入経路を徹底的にチェックし、ＯＨ基の混入を排除することで、ゼロに近づけることに成功した。

■長波長帯での最小損失の発見

さらに、小山内らは前出の部品材料研究部の堀口正治らと共に、低損失化の追求の中で、一・〇マイクロメートル以上の長波長帯に、光ファイバの低損失領域があることを見い出した。

それまで通信用光ファイバの損失特性としては、ヘリウム・ネオンレーザの発振波長〇・六三マイクロメートルからＹＡＧレーザの発振波長一・〇六マイクロメートル付近までが測られていた。一・一マイクロメートル付近からは吸収損失が急激に増えるので、それ以上の長波長領域は使用できないと考えられていた。

ところが、一九七三年、武蔵野通研の基礎研究部水島研究室で「光ファイバ通信の最適波長は一・五マイクロメートル付近であることを理論予測」していた。

従来、損失測定は市販の光学系を用いた測定装置で行っていた。これでは、一・一マイクロメートル以上の長波長領域の損失測定ができない。そこで、堀口は長波長領域を含む波長帯をカバーする、光ファイバ専用の測定装置を新たに開発し、水島らの世界に先駆けた理論予測を実証することに成功した。測定装置の試作にあたっては、次の三点を考慮していた。

①〇・五マイクロメートル〜二・五マイクロメートルの波長範囲で特性評価ができること。
②一デシベル／キロメートル以下の低損失ファイバの測定が可能であること。
③測定のダイナミックレンジが二〇デシベル／キロメートル以上とれること。
このため、光源、分光装置、光学系、光検出系、データ処理について従来の装置を全面的に見直し、構成した。

実験を重ねた末、一九七六年、堀口らは吸収損失特性を発表した。得られたデータは従来の予想を覆すものであった。初めは測定が間違っているのではないか、これが正しいのかどうかと堀口と小山内は何回も討論し、検証した結果であった。

この結果、石英系光ファイバの最低損失の波長領域は一・六マイクロメートルにあって、損失値は一キロメートルあたり〇・一〜〇・二デシベルまで下げることが可能なことを、一九七六年に堀口、小山内の二人が明らかにしたのである。

この発見によって、藤倉電線は一九七六年、一・三マイクロメートル波長帯で一キロメートルあたりの平均損失が一デシベル以下というGI型光ファイバを開発し、世界のトップに立った。また、その後電電公社の通研では、一九七九年に単一モード光ファイバについて、一・三マイクロメートル帯および一・五五マイクロメートル帯で理論限界値（一キロメートルあたり〇・二デシベル）に近い低損失化を実現した。

長波長領域での低損失光ファイバの出現は、長波長帯における半導体レーザの開発を促すことになった。これにはアルミニウムに代わってインジウム・リン系をガリウムひ素に添加した半導体レーザが開発された。その中で、波長一・三マイクロメートル～一・五五マイクロメートル帯でInGaAsP/InP系によるＤＦＢ（ディストリビューテッド・フィードバック）レーザが開発された。

ＤＦＢレーザについては第七章でふれるが、これで二〇〇キロメートル以上の長距離無中継伝送が可能となった。

一方、日本独自の光ファイバ製造法の開発を目指したグループは、新製法の開発に取り組み、これまた素晴らしい成果を挙げた。一九七七年、リーダーの伊澤達夫らによって、ＭＣＶＤ法を凌駕する画期的な製法となったＶＡＤ法が生まれた。この製法は当初気相ベルヌーイ法と呼ばれたが、後に気相軸付け法（ＶＡＤ）と名付けられた。

これは母材を軸方向に成長させていく製法であったが、当初その実現は難しいと考えられていた。なぜならば、すでに出ているコーニング社のＯＶＤ法やベル研のＭＣＶＤ法とは違って、心棒やガラスパイプのない状態で、ガス化した原材料を出発棒と呼ばれるガラス棒の先で、火炎加水分解反応を起こさせ、多孔質ガラスをつくり、氷のつららや鍾乳洞のつらら状の突起物のように、ガラス母材を垂直（軸）方向に成長させていくという方法であったからだ。

中心になる心棒やガラスパイプがないことから、真円に近い母材の形成、母材の中心部から周辺部にかけての屈折率分布の制御など、これをどうして作っていくか、伊澤の話を聞いたとき、誰もがこれで作れるのかという疑問を抱いた。

だが、このアイデア自体はそう突飛なものではなかった。連続生産が可能な光ファイバの母材をつくるには、軸方向に母材を成長させていくという考えはすでに出ていた。ベル研でも住友電工でも試みていたが、うまくいかなく、実現は到底無理だと思われていた。それに伊澤は挑戦しようとしたのだ。この経緯については、次の章で詳しく述べることにする。

このように、光ファイバの製法開発について、二つの目標を掲げて出発した共同研究グループは、その第一期においてそれぞれ素晴らしい成果を挙げた。だが、実用化までの道のりはこれからであった。

■共同研究の本格化（指揮官の交代）

共同研究の第二期を迎えるにあたって、電電公社は新たな人材をトップに据えた。

茨城通研の線路研究部長に研究畑出身でない人物をもってきたのだ。長い間、事業部門で線路（伝送路）を担当してきた福富秀雄であった。

福富は北海道の釧路電気通信部長からの転出で、光ファイバケーブル共同研究委員長も兼ねる要職だった。

第一期の成果は素晴らしかったが、VAD法の完成を目指したメーカーとの共同研究開発は、実質的には第二期からであった。メーカーと共に製造技術を確立し、実用化を達成するには強力な司令塔が必要とされた。

ここで福富に白羽の矢が立ったのである。福富は、当時総務理事で技師長の小口文一と技術局長の前田光治の二人から直接辞令を渡された。

その時、技術局長の前田は「いま光ファイバ開発部隊は敵前上陸しているが、どこを向いて撃っていいのか迷っている。君は落下傘で戦場に降りて、指揮をとってこれをまとめよ。国際競争に負けてはならない」と言った。

一九七八（昭和五三）年といっても、まだまだ戦争体験者が働き盛りで、軍隊に絡めた話が多かった時代だ。前田のような軍隊にたとえたような言い方が、通用する時代であった。福富は終戦の時は旧制中学生であった。小学、中学と戦時体験をしてきた年齢だ、この種の話は十分に理解できた。

福富は研究部長という予想もしなかった辞令に驚くと共に、経験の全くない研究畑で仕事がうまくできるのかと不安だった。そこで「私は研究所は最も苦手です。私は紋次郎派で正統派の剣法ではなく、野武士剣法です。事業部門では問題がでたら、即決でばっさりやらなければなりません」、と当時流行っていたテレビドラマの紋次郎を例にだして答えた。

小口は「事業部門のときのやり方でいいのだ」と言って、福富を激励した。

小口は常日頃〝マネージメントとしての知恵〟ということを言っており、マネージメントの大切さを強調したのだ。

メーカー同士の利害がからむなかで、共同研究をまとめていくのは並大抵ではない。だがこれは必ずやりとげて、勝たなければならない戦いだ。特に小口と前田が考えたのは、日本として国際競争に勝つことだった。

すでに述べたように、米国コーニング社は自社で開発した光ファイバの製法による世界制覇をめざし、各国の有力メーカーと技術提携する戦略を開始していた。

前田は戦時体制を想定し、混乱する戦場をまとめるため、荒っぽいが行動力のある指揮官の起用を考えた。通常では研究者が就くポジションであったが、理屈はいうが、えてして行動力のない研究者よりは、ここは難局を乗り切るため、線路部門や電話局で修羅場をくぐってきた人材の中から、福富をあえて研究部長に抜擢することにしたのだ。

混乱する戦場とは、個々の研究開発では素晴らしい成果が出ているが、全体的にみるとばらばらで、研究者同士の連携やメーカーとの関係など、プロジェクトの機能が十分に発揮されてはいなかったという意味だった。

福富はこの人事に感激し、期待に答えようと誓ったのである。

だが、福富は母校の早稲田大学から工学博士号を取得していた。学究肌とは一八〇度違うとみられていたが、線路部門で培った専門知識を時に応じてまとめ、これを論文にするという几帳面なところがあった。

第二期からは、メーカーと共に光ファイバケーブルを実用化し、現場試験を繰り返して、実際の敷設工事までもっていくという大事な仕事であった。第一期で開発に成功したとはいえ、それを実際に使えるようにするには、さらに幾つかの壁を乗り越えなければならなかった。

各メーカーには仕様通りの規格を達成させ、期限内に結果を出してもらう必要があった。現場試験では末端の作業員までプロジェクトの一員として、開発の意味を理解し、頑張ってもらわねばならない。多くの折衝と調整をこなし、プロジェクトを成功にもっていく、煩雑でしかも目くばりの必要な仕事であった。

だが、福富が率いる戦闘部隊には優秀な頭脳集団と潤沢な軍資金があった。

電電公社の通研には、毎年旧帝大を中心に全国の大学からは、優秀な学生、院生の上澄みクラスが入所してきた。何をやらせても一流の仕事をやってくれたとは、福富の回想である。さらに共同研究が短期間に、大きな成果を生み出すことができたのは、豊富な研究開発費があったことも大きい。

福富は仕事を一生懸命やるタイプであった。福富の好んで使う言葉に「火事場のばか力」というのがある。人間はその気になれば、火事のときの〝ばか力〟のように、とてつもない力を発揮できるという意味だ。福富はこのような考えでプロジェクトを引っ張ったのである。

しかし、福富がたびたび常磐線の列車に乗って上京し、前田技術局長に研究経過の報告をすると、前田からは「こんなものでは駄目だ」と一蹴されることがあった。

特性も悪く、値段も高いというのだ。

そのたびに福富は肩を落とし、すごすごと上野駅から常磐線で帰った。

前田は「これでよしとしたら福富が駄目になる。可哀相だとは思ったが、福富に火事場のばか力を出させるため追い返したのだ」と後日語ったという。光ファイバが成功したのは、この時にあったと福富は述べ、小口、前田の用兵が上手かったからだと述懐した。

共同研究が終了した後、一九八四年に福富は茨城通研の所長に就任。一九八六年からは住友電工に移った。茨城通研にいたころから、光ファイバは一メートル一〇円の時代がくると言いだしていた。どこでも言うので、海外では名刺に刷り込んだ工学博士の肩書に重ねて「ドクター一〇円」といわれたそうだが、住友電工に移ってからは真剣になって一〇円になるよう努力したという。ちなみに、現在は一〇円を切って五円前後になっている。

もっともこれを最初に言ったのは、副総裁まで務め、アイデアマンといわれた故北原安定であった。北原は「そのようにならないと、光ファイバの時代は来ないという意味で、アドバルーン的に提言したのだ」とは、当時北原の下で仕事をした人の証言である。

福富は能弁家であった。話だすと止まらなく、当時の仕事に対する熱意がほとばしる感じで、インタビューでは一時間でも二時間でも喋りつづけるのではと思うほどであった。

栃木県生まれと聞き、しかも風貌が今は亡き政治家のミッチーこと渡辺美智雄に何となく似ていることに気がついた。それを言うと、さすがにニガ笑いした。

当時の電電公社の技術幹部が、共同研究の委員長に自称紋次郎タイプで、実戦派の福富を起用した理由が十分に理解できた。

■実用化に向けた現場テスト

第二期目に入った一九七八（昭和五三）年九月、光ファイバによる最初の現場テスト（FR—1）が行われた。準備はすでに三月から開始されていた。

東京の唐ヶ崎→大手町→蔵前→浜町の電話局を結び、約二〇キロの区間に、総延長九五〇キロメートルにおよぶ最大四八芯の光ファイバケーブルを敷設し、デジタル伝送方式を中心にした伝送実験で、第一期の成果を受けた光伝送技術の総合的な実用性の確認が目的であった。

現場試験としては大規模で本格的であった。投入した費用は二〇億円を越えていた。

この現場試験も実質的に光伝送研究室長の島田の主導であった。これはテストとは言えないほどの大規模な実験で、世界でも初めてであった。すでにアトランタ実験を済ませたベル研が、このような大規模な実験がうまくいったことに驚いたという。

光ファイバケーブルは、波長〇・八五マイクロメートル帯グレーデッド型マルチモード光ファイバが使われた。伝送速度は三二Ｍｂｐｓと一〇〇Ｍｂｐｓで、大手町の局舎内とマンホール二か所に中継器を設置し、三中継の伝送系を構成した。

実験では主にＭＣＶＤ法で製造したケーブルが使われた。コア径が六〇マイクロメートル、外径が一五〇マイクロメートルで、四八芯の光ファイバケーブルの開発であった。メーカー各社はそれぞれ工夫を凝らしてケーブル構造を案出し、相当な決意で開発に臨んだ。

だが、システム側からの要求は厳しかった。それに応えるため、各メーカーは連日の徹夜を繰り返して作ったケーブルを持っていくと、光伝送研究室長の島田から、再三まだダメだと言われて突き返された。各社とも納入量の数十倍の長さの光ファイバを製造し、その中から特性の良いものを選んでもっていったという。

一方、基本問題をクリアしたとはいえ、実用化に向けて厳しい道を歩みだしたＶＡＤ光ファイバは、ＢＡＤ法などと言われ、現場での評判は必ずしも良くはなかった。

まだ実用段階での要求仕様を満たすことができないということで、現場試験ではいったんは採用されないことになった。だが、開発部隊の強い要請で、委員長の丸林が特に許可し、蔵前と浜町間の二キロメートルの区間だけに試験導入された。

なんとかうまくいって、VAD法の有用性が確認された。母材は電電公社側が製造し、住友電工が線引きしてケーブル化したものを使った。この成功を契機にVAD法ファイバの開発に勢いがついた。やってよかったと関係者は喜んだ。

FR—1の準備は三月から始まっていた。現場試験の指揮官は光線路研究室長の枡野で、その下の内田が技術の元締めだった。これだけの試験を進めるには、現場に詳しい人物が是非とも必要ということで、東京電気通信局から研究専門調査役として中込四郎が来てくれた。

苦労人の中込は、ずけずけものを言うが指導力もあって、明るく、すぐに研究者集団に溶け込んだ。現場に顔の広い中込は、試験の進捗についての管理業務、それに伴う公社内の連絡調整のほか、行政機関、警察・消防等、外部への根回しなどもすべて担当した。

茨城通研の現場拠点となるプレハブ造りの仮設事務所「光線路調査事務所」を浅草に設置し、枡野室長以下光線路研究室の全員が詰めた。ドクターを出た研究者も全員駆り出され、仮設事務所に寝泊まりし、そこから毎日現場作業についた。

気位の高い研究者たちも、自分たちと同じ道を歩んだ研究者の先輩たちが最前線の現場に立つ姿を見て、嫌な顔も見せずに頑張ったという。

中込は「問題点と疑問点が発生する度に、喜々として現場に行き、その原因究明に全力を傾けた若い研究者の姿が忘れられない」と回想する。

現場試験の総指揮官であった枡野は次のように話した。

「現場試験では人が少なかったので、研究所から若い研究者にも応援してもらい、ケーブル敷設工事などをやってもらった。技術本部から文句を言われたが、彼らはしっかり働いてくれた。感謝している。メーカーの人たちとも一緒に汗を流したということで、その後の関係でも大いに得るところがあった。メーカー各社と研究所の情報交換も盛んになった。共同研究での一番の成果は、このような人的な交流にあって、多くの友達ができたことだ」

光ケーブルを敷設した後、光回線の特性を測定することも大変だった。

まず単体で測り、接続してから測る。レーザを使って測定するのだが、測定装置が大きくて重く、マンホールの中に入れるのが一仕事であった。測定に使うレーザがまたすぐ壊れた。

作業時間が夜の九時すぎから翌朝の六時までとなっているので、壊れた測定器は深夜でも、メーカーの工場がある厚木まで運び、夜の九時までに直してもらってまた使った。だが、故障すると全体の進行スケジュールが変わることになり、たえずごたごたがあって、それをまとめていくのが大変だった。

だが、この現場試験に参加した人びとは、日本で最初の本格的な光ファイバ回線の現場試験であることの意味を理解していた。現場が熱っぽい雰囲気に包まれていたのも、参加している人びとの高揚感が滲み出ていたからであった。

この現場試験は研究者たちにとって、自分たちが考え、設計して作り、敷設したものが目の前で実際に動くという体験であり、参加者には大きな自信を与えた実験であった。

なお、この実験に参加した関係者によると、実験の途中、実験のため敷設した光ケーブルを約一週間ほど、既設のメタルケーブルと切り替えて、本番運用したという。

第一次現場試験によって、光ファイバの実用性が実証されると、共同研究プロジェクトでは、システムの実用化に向けた研究開発が加速された。第二期での課題は、VAD法の製造技術の確立とMCVD法による単一モード光ファイバの開発であった。

■光ファイバ製造技術の確立

一九七八年四月から始まった第二期の焦点はVAD法であった。

住友電工の星川は、VAD法の完成が共同研究での最大の成果であったと回想する。VAD法については、伊澤らの開発の後も「実用化は無理じゃないか」との声があった。本質はクリアしたというものの、VAD法を実際に使えるようにしていくことは難しかったのだ。

だが「MCVD法は所詮借り物の技術だ」ということを、共同研究に参加したほとんどの人びとが感じていた。だから、メーカー側も日本独自の製造法を開発することを切実に望み、「こんなもの出来るか」といいながらも、必死で頑張ったのだ。

第二期に入ると、電電公社をはじめ各メーカーともに共同研究に熱が入ってきた。各社の開発状況について、茨城通研で厳しい議論が交わされ、製造技術、ノウハウについて激しい競争が行われた。

共同研究分科会の座長を務めた前出の枡野は、「共同研究の進展につれ、目標値は段々高められていった。他社との比較で、遅れると脱落ということになるので、各メーカーは分科会の開催日を目標にまさに戦場であった」と当時を振り返った。

また、VAD法の開発を担当した須藤昭一は、共同研究について次のように話した。

「メーカーとはお互い切磋琢磨という言葉がぴったりであった。刺激を受け、大いに効果があった。月一、二回の分科会は真剣そのものの議論で、熱気に満ちた会合だった。このような議論を経て、世界に誇れる日本の光ファイバ技術が生まれた。今は懐かしい思い出となっている」

その背景には、すでに述べたようにシステム側からの厳しい要求があった。

さらに、メーカー側では、当面収益のない光ファイバの開発は、電電公社がかなりの資金を出してくれたからできるとの事情もあった。電電公社側はメーカーの競争意識を煽って、豊富な資金を目標値を達成するよう有効に使った。電線メーカーの納入する光ファイバの性能をチェックし、優秀なものの場合はプラスアルファを出した。

それが刺激となり各社での競争となった。

さて、第二期での進捗状況はどうであったか。

MCVD法によるマルチモードタイプのGI型光ファイバについては、第一期でほぼ製造技術の基礎が確立したことから、第二期では広帯域特性に優れたシングルモード型光ファイバの開発が第一の目標となった。この課題もなんとかクリアし、一九七八年一二月には、一・五五マイクロメートルで損失が一キロメートルあたり〇・二デシベルという、シングルモード型低損失光ファイバの開発に成功した。

一方、ＶＡＤ法の開発は、第一期では主に電電公社側で行われていたが、第二期ではメーカー各社が本格的な取り組みを開始した。

特に住友電工は、共同研究の始まる前、すでに母材を軸方向に成長させてやる方法を独自に考え、実験までしていた。それがなかなか巧くいかなかったことから、今度こそはという意気込みでＶＡＤ法の完成に取り組んだのである。

ＶＡＤ法の実用化で難しかった点は、①安定した屈折率分布を得るための制御方法の確立と、②火炎加水分解反応という製造方法に伴う水分除去の二つであった。

屈折率分布の制御は至難であった。

前出の星川は「コンピュータで制御してやれば簡単ではないかと部外者はいうが、原料の吹きつけのコントロールは、パラメータが多すぎて、コンピュータで完全には対応できない。結局、微妙な調整は人間の手を外すことはできなかった。いまでは屈折率分布の制御は百パーセント可能となったが、まだ人間の手を必要としている」と述べている。

水分の除去には、多孔質母材に熱を加えて透明化していく際、塩化チオニル（後に塩素ガス）を添加することが有効であることを見いだし、ＯＨ基の少ないＶＡＤ光ファイバを得ることに成功した。

第二期の期間中、電電公社は茨城通研の中に、ＶＡＤ光ファイバ製造のミニプラントを構築した。日本で開発したＶＡＤ法の製造技術を何とかして確立し、実用化しようという執念の表れであった。

一九七八年四月から一九七九年三月までの一年間、このミニプラントにはメーカー各社からフルタイムで作業員と監督者が派遣された。VAD法によるグレーデッドインデックス型光ファイバの製造再現性の向上と、製造工程の安定化を目指した作業が連日連夜続けられたのである。

この期間に製造された光ファイバは、およそ一四万キロメートルにのぼった。地球を三回り半するぐらいの長さだ。一九七九年以降、このミニプラントはVDA法による単一モード光ファイバ製造技術の確立のために稼働しつづけた。

このほか第二期では、現在の光ファイバ通信を支える基本的な周辺技術の要素が、ほとんど確立されたことだ。

特に光ファイバを実際に線路として使っていく場合、光ファイバ同士の接続は常に起こり得る問題であったが、損失を最小にとどめて、光ファイバをいかに簡単に、しかも迅速に接続するかという、接続技術の開発でも極めて大きな成果を挙げた。

最後の第三期では、日本独自のVAD法による母材の生成技術が確立したこと、さらに全体の総まとめの段階として、現在の光ファイバ産業を支える生産技術のほとんどの基礎技術が取り上げられ、ここで解決した技術が今日の光ファイバ技術へとつながったことであった。

■共同研究のまとめ

このようにして光ファイバに関する共同研究は一九八三年九月、第三期でもって終了した。

プロジェクトは九年近くつづいたが、この間、電電公社では延べ約三百人の研究員を動員、メーカーからはおよそ百人が参加した。研究開発費は総額で約五百億円で、国際的にも例がないといわれた大規模プロジェクトであった。

この結果、日本は光通信技術で世界のトップに躍り出たのである。

この期間、光ファイバ研究開発の論文等の発表は二八三五件、特許・実用新案は三八三一件にも達した。製造技術、接続技術、線路技術、測定技術ともに素晴らしい成果を上げたが、特に、光ファイバ製造技術であるVAD法の発明、光ファイバの低損失化は世界の注目を集めた。

量産と品質に優れたVAD法は、その後、アメリカ、イギリス、オーストラリア、韓国などへ技術移転された。また、藤倉電線との共同開発による低損失化光ケーブルは、一九七七年度の英国IEEの年間最優秀論文賞を受賞した。

さらに一九八六年、住友電工が開発した純石英コア光ファイバで、波長一・五五マイクロメートルで一キロメートルあたりの損失が〇・一五四デシベルを達成し、これが現在世界記録になっている。

NTTは共同研究開発の成果を受けて、一九九〇年三月、今後の通信の方向を示すVIP（ビジュアルインテリジェント・アンドパーソナル）構想を発表した。これに刺激され、かつアメリカ国内でのインターネットの爆発的な広がりを見て、ゴア前副大統領はNII（ナショナルインフォーメーション・インフラストラクチュア、全米情報通信基盤）構想を発表し、通称「スーパーハイウェイ」の提唱となった。

つづいてNTTは一九九四年一月、光ファイバ回線を各家庭まで引き込むというFTTH（ファイバ・ツー・ザ・ホーム）構想を発表、その実現を二〇一五年とした。

第二期から共同研究を引っ張った前出の福富秀雄は、その成功の要因を四つ挙げている。①トップから明確な目標と方向付けがあった。②新しい技術を借りものでなく自分たちが積み上げて開発した。③世界のトップに立とうという目的意識を共有した。④研究会を通じ、競争意識が良い結果を生み出した。

また、あるメーカーの幹部は共同研究について、次のように述べている。

「共同研究のようなやり方はおそらくもうないと思う。一つの共通した目的のため、しっかりした組織が核になり、大プロジェクトをやり遂げたのである。当時の電電公社は技術的なリーダーであると共に、ユーザーとしても高い目標を掲げ、二つの点でリーダーシップを発揮した。それは強力であった。熱意はあっても、メーカーサイドだけでは、なかなかリスクの伴う大きな開発には入っていけない。共同開発であったからできたのだ。この形はアメリカから妬まれたぐらい巧くいった」。

電電公社の力が大きかったことを認めている。

それは、数においても質においても、圧倒的に優れた技術者の存在と、豊富な研究開発費という裏付けがあったことが、大きかったことを示唆している。

時あたかも、戦後の日本経済が復興し、右肩上がりの成長を続け、アメリカについで世界第二位のGNP大国になる直前のことであった。

この大プロジェクトは電電公社だけでは出来なかったし、メーカーだけでも不可能だった。時代背景と生産過程まで含めた総合力としての技術力が、電電公社という大きな核を中心に統合されて発揮し、花開いたというべきだろう。

■光回線の敷設と運用

一九八〇年三月、長波長帯一・三マイクロメートルのグレーデッドインデックス（GI）型光ファイバが完成したことで、電電公社は一九八一年から、全国の主要都市を中心に光回線の本格的な敷設工事を開始した。

一九八一年秋、GI型光ファイバで三二Mbpsと一〇〇Mbpsの商用化回線が実現した。光ファイバ回線の実用第一号は、一九八一年一二月、千葉市とその郊外であった。これが日本での光ファイバ通信の始まりであった。

一時このGI型光ファイバで損失が急増するという問題が発生し、大騒ぎとなった。原因の徹底追求と対応策を施すことで解決をみたが、その後、光回線の主力はシングルモードに切り替わった。光ファイバ回線の開発をリードしてきたGI型光ファイバは、短期間であったが、その重要な使命を終えたのであった。

シングルモードによる光ファイバ回線は、一九八三年から商用化が始まった。

一九八五年には主要都市間のほとんど、地方都市間での八割近くが光回線で結ばれるようになった。

序章でもふれたように、一九八五（昭和六〇）年二月八日、北海道の旭川と九州の鹿児島を結んで、三千四百キロメートルにも達する日本縦貫光ファイバケーブルが完成した。電話回線換算で七万回線分という大容量の、当時世界で一番長い光ファイバケーブルであった。日本の通信網の南北を貫く幹線が光ケーブルで結ばれたのである。

この構想は、電電公社のアイデアマンといわれた、当時副総裁の故北原安定が一九八三年、シングルモードの商用化が決まった時、直ちに提唱した案であった。北原は毀誉褒貶が激しく、敵が多かったといわれているが、その先見性は見事であった。

一九八六年一一月には、宮崎から沖縄への海底光ファイバケーブルが敷設され、北海道から沖縄までの縦貫光ファイバケーブルルートが完成した。

一方、国際光回線の方は一九八九年、日本のKDDと米国AT&Tの共同開発で、日本とハワイを結び、電話回線換算で、三七八〇回線分の光ファイバ海底ケーブル（TPC—3）が完成した。

引き続き一九九二年、TPC—4（電話回線換算で七五六〇本分）が敷設された。このTPC—4では、住友電工の開発した純粋石英ガラスコアの単一モード光ファイバが採用され、中継間隔はTPC—3の五四キロメートルから一四〇キロメートルへと大幅に延びた。

一九九〇年代に入り、国際通信も光ファイバ通信が主役に躍り出てきた。

国際電話は長い間、インテルサットを使った衛星回線が主流であった。三万六千キロメートルも離れた上空で折り返す電波は、上り下り合わせて七万二千キロメートルもの長旅をおよそ〇・五秒かけて行き来する。国際電話で〇・五秒に悩まされた人は多かったはずだ。それが光ファイバの海底ケーブルでは、〇・一秒程度となり、ほとんど後れを感じさせなくなった。

一九六三年、ケネディの暗殺事件中継で始まった、インテルサットによる日米間の衛星通信も、テレビ映像中継ではまだ使われているようだが、音声通信はほぼ海底光ケーブルになりつつある。

現在、日米間をつなぐ光ファイバ海底ケーブルは、一九九五年にはＴＰＣ―５の南回り回線、一九九六年に北回り回線が開通し、太平洋の南側と北側の二ルートに分かれた、それぞれ電話回線換算で六万本分のＴＰＣ―５が完成した。

両ルート合わせると、一二万回線分という大容量光ファイバ海底ケーブルが敷設されている。このＴＰＣ―５は南北のどちらかがダウンしても、もう一方でカバーし、通信の需要には十分に応えられるようになっている。中継区間が大幅に伸びたのは、光ファイバ増幅器を採用したからである。光ファイバ増幅器は、光をいったん電気信号に戻して増幅し、再び光に変換することなく、光のまま増幅できる。

さらにＫＤＤでは、日米間の情報通信の需要増大に対応するため、新たな海底光ケーブルの開発計画に入っているという。

第四章　日本で生まれたVAD法

ＶＡＤ法は、当時電電公社茨城電気通信研究所にいた伊澤達夫らによって開発された。共同研究者として、実験を担当したのは堀文明と須藤昭一の二人であった。

伊澤は堀、須藤の二人とともに、一九七五年の夏ごろから、光ファイバの新しい製法の研究開発に着手した。だが、行く手を阻む壁は高く、それを乗り越えることができない状態が続いていた二年後の夏、突然部長から研究中止を言い渡された。

「見通しがない。いいかげんにして止めよ」という指示であった。だが、伊澤は研究をつづけなんとか秋口に突破口を見い出し、ＶＡＤ法の開発を成功させたのである。

ＶＡＤ法の開発のめどがつくと、それを待っていたかのように、伊澤は古巣の武蔵野通研へ異動となった。光ファイバの新しい製法は、伊澤の大胆な決断とその実現のため堀らを指導して、苦しい実験の結果生まれたのであるが、それを実際に使っていくには、まだまだ多くの関門を通り抜ける必要があった。

その後は新しくメンバーを加え、須藤らが研究を継続した。

一方、住友電工をはじめとするメーカー各社は、ＶＡＤ法による製造法の確立に向け、渾身の力を注ぎ、これを達成させたのである。伊澤らのブレークスルーがあったものの、後半のメーカー各社の頑張りもまた特筆に値する。伊澤自身「私はVAD法の産みの親であるが、育ての親ではなかった」と述べている。

ここでは、日本で開発されたVAD法の開発経緯を詳しくフォローしてみよう。

■光ファイバの研究へ

一九七〇年、東京大学大学院博士過程（電子工学専攻）を終えた伊澤は、当時の日本電信電話公社武蔵野電気通信研究所に入った。基礎研究部第三研究室（通称・基礎三研）に配属され、最初は半導体レーザの研究に携わった。

ほかにも好きなことをやっても良いとのことで、ガラス光導波回路と光ファイバの研究もやり始めた。ガラス光導波回路を取り上げたのは、光ファイバ通信が実現すれば、ガラス基板上での光集積回路や光回路が必要になると考えたからであった。

光導波回路は一九六九年、ベル研のシュチュワート・ミラーが提唱した光集積回路の考えが最初であった。伊澤は、たまたま大学院のころ、担当教授から聞いたエレクトロマイグレーションの話が、ミラーの提唱する光導波回路に結びつくことに気がついた。

イオンの電気移動を利用して、ガラスの平面上に光導波路となる屈折率の高い部分、光ファイバでのコアに相当する部分をイオンの拡散でつくる方法だ。実験もやってみて、この方法で損失の少ない光回路をつくることが可能であることを見いだした。

光ファイバのほうは、光学ガラスメーカーに高純度のガラスを作ってもらって、特性測定をしては改良するということを繰り返していた。伊澤の関心は光ファイバの伝送損失を少なくする方法の探究であった。そのうち半導体レーザのほうはやめてしまった。

一九七〇年一〇月、武蔵野通研に入所して半年がすぎたある日、コーニング社が損失二〇デシベル／キロメートルという光ファイバを開発したことを知った。伊澤はショックを受け、一年前にでた「セルフォック」の損失が、八〇～一〇〇デシベル／キロメートルであったことから、光ファイバの研究は「もうやめようか」と思った。

事実その後、他の仕事で中断することになったが、半年後に上司の判断で再開、コーニング社の追試から始めた。しかし、コーニング社の特許に書いてある方法で作ってみたがうまくいかない。コーニング社が発表したのは、特許の内容だけであって、技術的なことにはほとんど触れていなかった。

伊澤はコーニング社の発表論文に載っていた参考文献を調べ、どうやら酸化チタンを含む合成石英ガラスでつくられたと推測した。そこで、酸化チタンをドープして、合成石英ガラス棒を幾つか作ってみたが、それが微かに紫色になっているのに気がついた。

着色されたガラスは光を吸収する。ガラスハンドブックで調べると、酸化チタンを含んだ合成ガラスの微かな紫色は酸素不足に起因するもので、これは高温にした酸素を十分供給する中で熱処理すれば、取り除くことができると分かった。

次に、酸化チタンをドープして作った合成石英ガラス棒をコア部として、それに純粋な石英ガラス管で被せ、光ファイバの母材（プリフォーム）をつくってみた。この母材を線引きして光ファイバをつくり、ドラムに巻き取って、一昼夜高温熱処理する。それでようやくコーニング社が開発したとほぼ同じ損失の光ファイバを作ることができた。

だが、そのようにして作った光ファイバは、熱処理すると非常にもろく、ポキポキと折れてしまう。材料、作り方は良かったが、これでは通信の伝送路として使えない、十分なものにするにはさらに研究する余地があると伊澤は考えた。

それでも、だんだん作り方に慣れてきて、折れなくなってはきたが、着色のほうは完全には消えない。これではいかに低損失の光ファイバを作っても使えないと考え、コア部の屈折率を制御する混入剤（ドーパント）を徹底して探すことにした。

周期率表とにらめっこをしながら調べ、種々の元素の酸化物で実験してみた。

ほとんどの酸化物は、色がついたり、可視光線や赤外線を吸収しがちで、使えないことが分かった。しかし、二酸化ゲルマニウムはそのようなこともなく、ガラスの屈折率を適正に制御できると分かった。いまでは二酸化ゲルマニウムは、光ファイバのドーパントとして最適とされているが、当時はそれほど知られていなかった。

ところが、この二酸化ゲルマニウムを使って、酸化チタンと同じ方法で光ファイバを作ると、途中で二酸化ゲルマニウムが蒸発してしまうのであった。

二酸化ゲルマニウムは蒸気圧が高く、合成ガラスをつくる際に酸水素ガスを火炎噴射すると、そこで蒸発してしまうのであった。酸化チタンは蒸気圧が低いので、蒸発することなく、二酸化ケイ素の融点まで加熱することができた。

結果は失敗であった。ガラスに二酸化ゲルマニウムを加えることは、当初考えたよりも難しかった。だが、この試みが後のＶＡＤ法の開発に結びついていく。

そのころは、光ファイバの線引きに必要な天井の高い部屋がなく、許可なく階段の部分の吹き抜けになっているところに、手作りの機械を設置して実験をやったり、不十分な設備のなかで塩酸の匂いの充満する部屋で実験するなど、かなりの無茶をやった。

■新製法の開発に向けて

武蔵野通研に入って五年目の一九七四年の春、伊澤は米国カリフォルニア大学バークレイ校に一年間招請研究員として派遣され、日本での研究から離れた。

その間、京都で国際ガラス会議が開催され、ベル研のマクチェスニーが光ファイバの製法として、極めて優れたＭＣＶＤ法を発表した。ドーパントに二酸化ゲルマニウムを採り入ることに成功し、二酸化ゲルマニウムの蒸発の問題を見事に解決した。材料のすべてを気体の状態にして反応させる方法であった。伊澤はこれを帰国後に知った。

一九七五年五月、帰国した伊澤は光ファイバ研究を指示され、茨城通研へ赴任した。配属された基幹材料研究部光材料研究室では、ＭＣＶＤ法の改良研究が始まっていた。当初、伊澤もこの研究グループに加わった。電電公社と電線メーカー三社による光ファイバケーブルの共同研究はすでに始まっており、MCVD法による光ファイバの製造技術で成果を上げつつあった。MCVD法はシンプルな製法で、優れた品質の光ファイバを提供し、蒸気圧の高い二酸化ゲルマニウムをドープするには非常に有効な方法であった。

だが、作るのに時間がかかり過ぎ、また母材の大きさが限られることから、量産性に問題があった。さらに、MCVD法は海外で生まれた技術であったことから、研究者の間では、自分たちで新しいより性能の良い光ファイバを開発したいという強い願望が生まれていた。

このような時に伊澤が光ファイバ研究グループに加わった。

間もなく伊澤は新しい光ファイバ製法開発担当のリーダーに指名された。すでに紹介した堝文明と須藤昭一の二人が、伊澤のアシスタントとして開発チームに入った。二人ともまだ二〇代の中ごろで、堝のほうが二才年上であった。

一九七五年夏から新しい製法の検討に入った。

研究グループの開発目標は、径の太い大きな母材を量産化するため、より効果的な製法を開発することであった。秋口からは新しい日本独自の製造法について、どのような方向で、どこに的を絞って研究開発するかの議論に入った。

同じ研究室で、MCVD法の改良に取り組んでいるメンバーも加わって盛んに議論し、伊澤はいくつかのアイデアをまとめ、二つの基本方針を立てた。

一つはファイバ母材を長さ（軸）方向に成長させていくアイデアであった。

MCVD法では、ファイバ母材の長さは出発材（石英ガラスパイプ）で決まってしまう。この制約をなくし、母材を長さ方向に成長させてやることができれば、原理的には無限の長さの母材ができて、経済的に大きな効果が期待できる。

しかし、この方法では屈折率分布制御が難しいとされ、誰も未だやっていなかった。その意味で大変魅力的ではあったが、母材を長さ方向につくりながら、グレーデッド型の屈折率分布を正確に瞬時に形成してやる難しさがあった。

二つ目は製造工程を二段階とするアイデアであった。二酸化ゲルマニウムのドープの難しさ、ドープ剤の蒸発を防ぐことを考えた対策であった。

二酸化ゲルマニウムは、加熱すると揮散しやすく、一挙に透明な合成ガラスを作ることは難しかった。そこで、まず二酸化ゲルマニウムを添加したコア部を低い温度で合成し、多孔質ガラスのコアをつくる。その外側のクラッド部は純粋石英ガラスで被い、全体として多孔質ガラスの母材をつくる。その後、高い熱を加え、多孔質ガラスの気泡を抜いて、透明な母材にするという作戦だった。

この二段階工法は一九三五年頃、合成石英ガラスの製法として、すでにアメリカで開発されていた。揮発しやすいドーパントを制御性よく添加する方法として魅力的なものであった。

■多孔質ガラスの母材つくり

さて、実験に入った。

まず、種棒の先端部にガラス微粒子を析出させ、多孔質ガラスの円柱（スート）を作っていく。こ

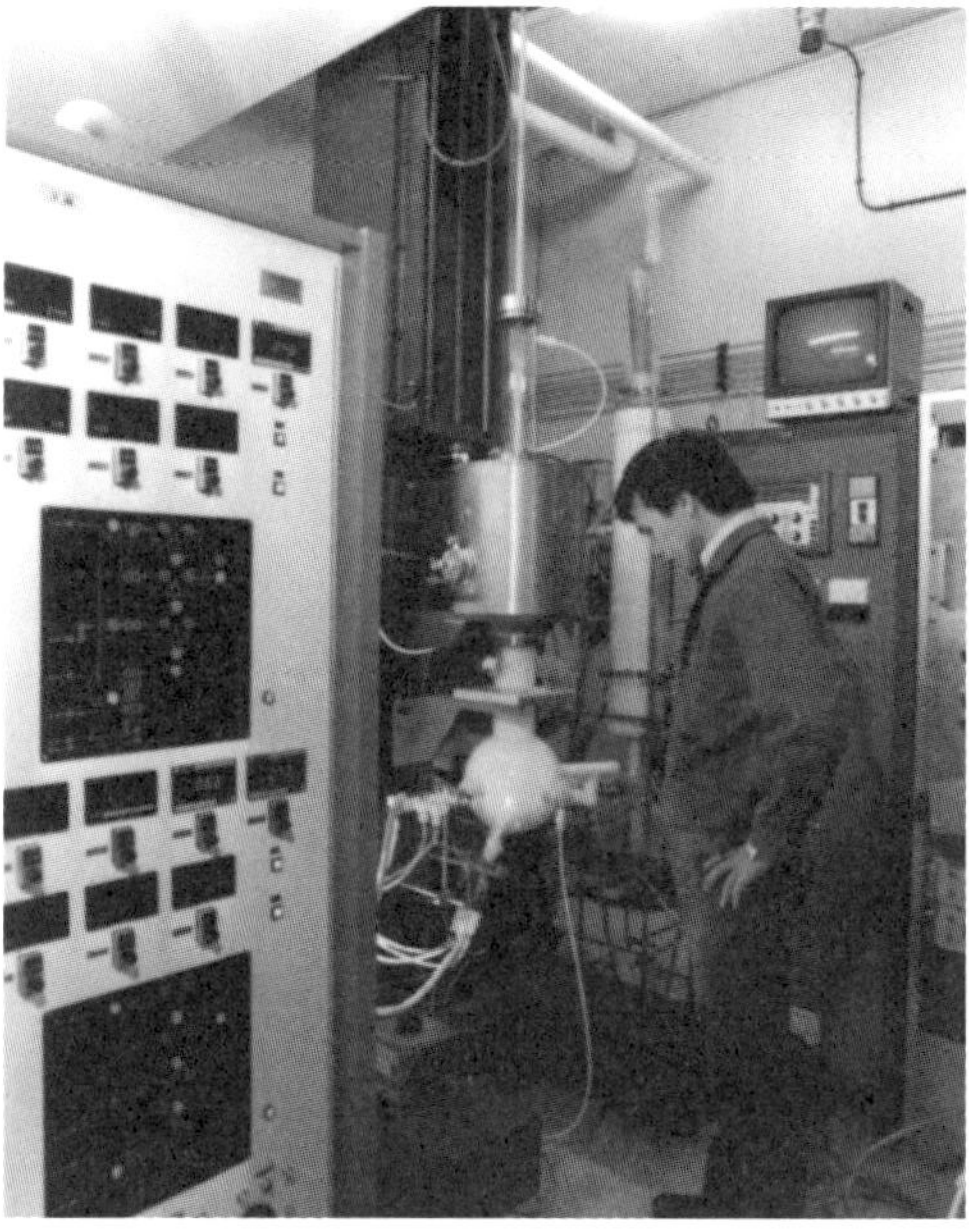

写真3（上）
VAD法の開発でスートの成長を見る須藤昭一（1976年，茨城通研で）

写真4（左）
初期のVAD実験装置と実験中の塙文明（同上）

れは透明化されてなく、白墨のようなものだ。四塩化ケイ素などの原料をガス化し、これを種棒の先端部に吹きつけ、同時に酸水素バーナーで火炎加水分解し、ガラス微粒子を析出させていく。吹き付けの方法は、人工サファイアを作るときに使うベルヌーイ法と同じであった。

ところが、ガスの吹き付け器や酸水素バーナーは、一定の位置に固定するため、多孔質ガラスを析出させて成長させていくには、できたものを少しずつ下へ引っ張ってやる必要があった。これはなかなか難しく、しかもこの方法では多孔質母材の形状がなかなか定まらなかった。上からの吹き付けで、真っ直ぐで、真円の母材を作ろうとするのは容易でなかった。

そこで伊澤らは方向を逆にすることにした。

種棒の上側にガラス微粒子を析出させていくのではなく、種棒の下側から原料を吹き付け、酸水素バーナーで火炎加水分解し、多孔質ガラスの円柱を下側に成長させていく方法であった。できた多孔質母材は上に引っ張り上げていく。そのため、新しい実験装置をゼロから自分たちで作ることにした。

一九七六年の春、伊澤たちが設計した装置ができあがった。

四塩化ケイ素、四塩化ゲマニウム、酸素、水素、窒素、アルゴンなどの量を制御しながら供給できるガス制御器。長さ一メートルのファイバ母材を引き上げていく機械。ガラス合成用反応容器と酸水素加炎トーチ（吹付器）。多孔質ガラス透明化炉などであった。

実験装置はよくできたが、それを使いこなしていくのは難しかった。

酸水素火炎バーナーの吹付トーチが、飛び散るガラスの粉末で詰まってしまう。火炎加水分解されたガラス微粒子が種棒に堆積しないで飛び散るのだ。うまく堆積できても、きれいな円筒状の多孔質母材でなく、凹凸のある奇妙な形になってしまう。

酸水素トーチを二〇〇個以上駄目にし、五〇回も反応容器の形状に手を加え、使いすぎで故障するガス発生器の修理を繰り返し、実験を続けた。幸いそう遠くない日立市に腕の良いガラス職人さんがいて、伊澤らの無理をよく聞いてくれて、注文したものを短時間で作ってくれた。

母材の外径を正確に制御するためいくつかの装置も工夫した。母材の引き上げを規則的にし、母材の先端部と酸水素トーチの間隔を一定化する装置。ガラス合成用反応容器から排出するガスの量を規則的にすることで、堆積する量を一定に保つガス流量制御器。

いろいろ苦心して実験をやっているうちに、数ヵ月後には、原料の六〇％以上を種棒に堆積させ、真円度の良い円柱多孔質ガラスを作ることができるようになった。メンバーの塙の実験手腕に負うところ大であった。

■多孔質ガラスの透明化―VAD法が見えてきた

多孔質ガラス（スート）を透明化するのはさらに難しかった。

この壁は非常に厚く、これを突破するのに一〇ヵ月以上を費やした。多孔質ガラスを加熱して透明なガラスにするわけだが、表面から五ミリ程度までは透明になるが、中心部には大小さまざまな気泡が残り、いくら加熱条件を変えても消えない。

表面付近と同じ性質の多孔質ガラスを中心部にも作って、これを加熱することを考えたりしたが、なかなかうまくいかない。母材の密度、ヒーターの形状など考えられることはすべてやってみたが、駄目であった。

隣のグループでは、MCVD法で世界のトップとなる成果をつぎつぎに出していた。伊澤らはそれを横目でみながら、うまくいかない実験を連日繰り返し行っている状態で、大変辛い時期であった。

苦しい日々が続いていた一九七七年の夏、部長から呼ばれ、この研究開発は中止せよとの指示を受けた。この時、伊澤は実験の疲れとうまくいかないストレスから、部長に強い反発を覚え、指示を無視し、首を覚悟で続けることにした。

成功するにはそれなりに理由のある予算を獲得し、実験を始めたものの、これ以上の出費は許されないということであった。そこで伊澤は、秋口まで実験を続けよう、中止になるまで出来るかぎりのことを試してみようと決意した。

それから三か月ほど経った秋のある日、実験を進めていた塙、須藤の若い二人が「母材の泡が消えて、完全に透明なガラス母材ができた」とニコニコ顔で報告にきた。

透明ガラス用の加熱炉に流していたアルゴンガスに、ヘリウムガスを少量混ぜてみたのだ。これが効果を発揮し、泡のなくなった透明な母材が再現性よくできるようになったのである。

この段階まで、二〇〇個以上の母材のサンプルを作っていた。ヘリウムの効果については熱伝導度など物性的な面からも十分予想され、議論の中では出ていたのだが、どの程度の効果があるか予測がつかなく、そのままにしていた。何をやってもうまくいかなかった時期で、その疲れから実験をしてみようというのが遅れてしまっていた。土壇場で、やれることはやってみようということで、トライしたらずばり当たった。

重く垂れ込めていた厚い雲が、一瞬のうちに流れ去り、周囲の景色がはっきりと姿を表した感じであった。ＶＡＤ法が生まれた瞬間であった。この時、三人は研究者が一生のうちに一度か二度しか味わうことのできない達成感と、信じがたいほどの高揚感を味わうことができた。

その頃は、平日はほとんど徹夜に近い毎日だった。

朝の四時、五時という早い時間から実験を始め、夕方に終わる。それからテストデータの分析に入り、修正点を議論し、いろいろ問題の出た実験装置を直してもらうため、近くにあったガラスメーカーの作業場にもっていたり、オーダーを送ったりで、家に帰るのは午前一時ごろという繰り返しであった。

伊澤には喘息という持病があった。しばしば発作に見舞われ、呼吸を楽にするため一日中気管支拡張剤を吸入していた。土曜、日曜は疲れから喘息が悪化して呼吸困難になり、近所の病院で点滴をうけるなど喘息の治療に費やしていた。喘息では発作が起こると、呼吸が苦しくなって、しばしば死に至るという怖さがあった。

小学生になった息子のキャッチボールの相手は、母親が肩代わりしていたという、伊澤には苦しい時期であった。幸い最後の実験の成功によって、伊澤は恐ろしい生活から解放されたのである。

だが、ＶＡＤ法の完成はまだまだこれからであった。

一九七八年の二月、引き続き屈折率分布と水分の問題解決にあたっていた伊澤は、部長から呼ばれ、光ファイバの研究グループから離れるよう命じられた。

伊澤が光ファイバの研究に携わったのは三年弱であった。その後、一〇人以上のメンバーが担当するようになり、屈折率分布制御、低OH化の研究が進んだ。また、電線メーカーの研究者、技術者もVAD法の実用化に参入し、現在のVAD製法が確立した。

いま国内の電線メーカーは、数一〇台のVAD母材製造装置を設置し、国内外へ光ファイバを供給している。現在母材の大きさは直径一五センチ、長さ二メートルの大きさのものが作られ、数百キロメートルもの長さの光ファイバが容易にできるようになった。

VAD法は一九七七年、東京で開催されたIOOC（**Integrated Optics and Optical Fiber Communication Conference**）で発表した。この会議は日本で開催された光ファイバの最初の国際会議であった。

■二番手で入った道

さて、伊澤が新しい光ファイバの製法を開発するに際し、VAD法の基本アイデアを出したとき、それは突拍子もない考えだと受け取られた。ほとんどの人からは、「そんなことできっこない」といわれた。

だが、それが出来上がると、ベル研のMCVD法を凌ぐ製法となった。誰もができないといった方法に挑戦し、それを実現させた伊澤達夫とはどのような人物か、筆者は伊澤を訪ねた。

渋谷のマークシティビル、井の頭線の電車が発着する駅ホームの上に二五階建ての綺麗なビルが建っている。その中にNTTエレクトロニクス社（略称NEL）があった。

案内された部屋はビルの二三階にあった。晴れた日で、眼下には新緑に被われた代々木公園が一望され、その先には渋谷、目黒、世田谷という広大な街並が続いていた。

伊澤は現在、NTTエレクトロニクス㈱の社長である。

一九九八年、本体NTTの基礎技術総合研究所長（取締役）からの転出であった。基礎研究部門からグループ会社の経営者への就任は珍しいことだという。

NTTエレクトロニクスは、一九八二（昭和五七）年、NTTグループ一〇〇%出資の会社として設立された。資本金八七億七五〇〇万円、二〇〇〇年度の売上高が四四〇億円、計上利益は一二〇億円という極めて優秀な企業である。

特に伊澤が社長になった一九九八年度からの売上高は急増し、約二倍となった。これはアメリカを中心に急成長を続けたIT関連事業の影響で、輸出が順調に伸びたことが主な原因だ。製品の約二五%が光の波長多重通信用部材で、従業員は九八〇人（二〇〇一年四月一日現在）である。

NELは、当初NTTで開発したLSI（大規模集積回路）の開発、製造・販売を主目的として設立された会社であった。だが、いまや光多重に関する光回路用部材の製造が大きな比重を占めるハイテクメーカーである。二〇〇一年一月には百四〇億円をかけて、主に光合成分波器をつくる新工場を茨城県那珂郡に完成させた。

だが、このあたりがピークであった。アメリカのITバブルがはじけてきたことに伴い、好調を維持してきたNELも冷たい風が吹きはじめ、さらに昨今の日本経済の急激な悪化で、いまは厳しい状況が続いているという。

さて、伊澤は大学院では分光学が専門の神山雅英教授の研究室で、ガスレーザやホログラフィという光に関する研究に携わった。ガラスについては何もなく、ただ三つほど興味を引かれたことがあった。

マスターコースのころ、東北大の西澤潤一教授と川上彰二郎助手による、グレーデッド・インデックス型光ファイバの屈折率分布に関する理論研究が発表され、それに興味を持ち、具体的にどうつくるかなど考えた。

また、ドクター最後の年、当時NECの役員をしていた染谷勲が、日本板硝子とNECが日本で最初に開発した一メートルほどの集束型光ファイバ「セルフォック」を研究室にもってきて、使い方を考えてみてくれないかと置いていった。

伊澤は使い方よりも、光ファイバをどのようにして作るかに興味を抱き、つくり方や将来性について研究室であれこれ議論し、考えられる応用などについて教授に話した。

その時、神山教授はガラスについて面白い話をしてくれた。

「真空技術が十分でない時代、光電管をつくるのに、密閉したフラスコの中に電極を入れ、そのフラスコを硝酸ナトリウムの溶液に浸し、溶液の中にも電極を入れ、フラスコの中の電極との間に高圧電気を加えてやる。すると硝酸ナトリウムの中のナトリウム(Na)イオンがフラスコを通り抜けて、電極の周辺の内側に析出し、この薄膜が光電面として使える」という内容で、これは戦前、応用物理の学生実験にもあったという。

伊澤は帯電したイオンがガラスを通り抜けていくこと知って驚いた。ガラスに興味を抱いた最初であった。このようなことがあって、伊澤はガラスの物性になんとなく関心をもつようになった。

当時、電子工学を専攻した研究者が、自らガラスの物性にかかわる研究に携わるということはほとんどなかった。伊澤自身も当初、全く光ファイバの研究をやろうとは考えていなかったが、その後光ファイバや光回路の研究に入っていった背景には、一つは大学院のころ神山教授に聞いた、ガラスの物性のことが頭の隅にあったからだ。

武蔵野通研に入所し、最初にやらされた仕事は半導体レーザに関する研究だったが、これをすぐに止めてしまう。上司は伊澤に愛想をつかし、別の人物を急遽探してきた。伊澤は自分でやりだした光回路や光ファイバの研究のほうに打ち込むことになる。

伊澤は武蔵野通研に入ったときは、光を使った通信の研究ができればという考えであった。ところが入ってみると、研究室のメンバーや同僚は皆優秀で、レベルが高いのに驚く。

「この人たちの議論を聞いていると、とてもついていけないと思った。同じことをやったら適わないと考えた。だから、そのような人たちがやらない、光回路や光ファイバの研究を始めたのだ。これは化学の分野であり、またパッシブのもので、頭の良い人はやらないテーマだ。自分がやれそうだということで始めた」と、光ファイバ研究に入ったころの屈折した心境を述べた。

しかし、誰も積極的にやろうとしなかった研究に取り組むようになったのは、やはり伊澤なりの先見性があったとみるべきであろう。

ともかく伊澤とガラスを結びつける運命の糸は、本人のいう挫折体験と大学院のころの幾つかの体験が綾になり、いつしか太い糸になっていったものと考えられる。

伊澤が光ファイバの研究を始めて間もなくコーニング社の発表があった。

この発表は、光ファイバ通信の夜明けを告げる鐘の音であったが、一九七〇年という年は、コーニング社の発表と半導体レーザの室温連続発振の成功で「光通信元年」といわれた年だ。

奇しくも伊澤はこの年、武蔵野通研に入り、光関連の研究につく。それまで伊澤には光とガラスについて幾度かの出合いがあったが、それが自分の将来を規定するようになるとは思いもよらず、光関連の研究開発に引き込まれていくことになった。

その結果、光ファイバの研究がVAD法に結実し、光導波路の研究はPLC(平面光回路)へとつながっていく。

これだけを見ると、伊澤は光とガラスのために生まれてきたかのようだ。VADの発明の後、NTT内で「ミスター光ファイバ」と呼ばれるようになったが、持病の喘息と相まって、不思議な運命をもって生まれてきたと言えなくもない。

■持病を抱えて

コーニング社の衝撃的な発表から、電電公社内でも光ファイバ研究の気運が高まり、光ファイバ研究の拠点を茨城通研にまとめようとの動きが出てきた。伊澤は上司から茨城に行くよういわれたが反対し、ほかのこともあって上司と揉めた。すでに述べたように、伊澤には持病があったのも一つの理由だった。

伊澤は小学生のころからの喘息で、体操の時間はほとんど欠席であったという。普通は成人になるにつれ小児喘息は直るといわれているが、伊澤の場合は大人になっても直らないケースで、持病になっていた。

呼吸困難になったこともしばしばで、何時死んでも不思議でないと思うようになっていた。だから、そう切り詰めて勉強に取り組むという気もなく、何となく大学院へ進み、これではまだ力足らずだと思い、ドクターコースまで進んだのであった。

一時は学者になろうかと考えたが、ドクターの頃、安田講堂の攻防戦があり、先生たちが振り回されているのを見て、学者も大変だと思い、そのころは最も安定して研究もし易いといわれた電電公社の武蔵野通研に入ったのである。

伊澤は一〇年ほど前、ちょうど五〇歳の時、喘息を悪化させ、呼吸困難から呼吸停止に至り、意識不明となったことがあった。救急車で病院に運ばれる間、酸素吸入が始まると同時に呼吸が停止。幸い集中治療室がある救急病院であったので、一命を取り戻したが、一〇日間絶対安静という経験をしている。

呼吸が停止した人で生存する確率は三〇％、このなかでも社会復帰できるのは一％程度というデータがある。たとえ生還できても、ほとんどの人は後遺症に悩まされ、脳疾患となるケースが多いということだ。

伊澤は運良く一％の中にはいって、社会復帰できた数少ない一人であった。だが「これから後遺症が出てくるかも知れないと医者に言われている。それが心配だ」と他人事のようにカラカラと笑いながら話し、筆者を驚かせた。

喘息は体質的なもので自律神経と深い関係があるという。喘息になると気管支が過敏になり、そこに炎症ができて、粘調性の痰がたまる。発作が起きると、炎症や痰で細くなった気道が収縮するので、呼吸が苦しくなるのだ。

呼吸をするとき、細くなった気道を空気が通るので、絡みついた痰が振動し「ヒューヒューとかゼイゼイ」という音が出る。発作が起こると呼吸が苦しくなり、呼吸停止となるケース、血液中の酸素が不足して意識不明ないし死に至る場合もあるという。日本では喘息で年におよそ五、六千人が亡くなるという怖い病気だ。

伊澤もたびたび呼吸困難に陥ったことがあって、「どうせ何時死ぬかもわからない」という意識がいつもどこかにあった。それが逆に怖いものはないという気持ちになり、上司にも言いたいことをいった。

それには自信という裏付けがあってのことだろうが、喘息という持病をかかえながら、外見上は全く健康そうで明るい表情であった。もともとは明るい性格なのであろうか。だが、本人も言うように、性格的にはアグレッシブな面があり、それが若いころは傲慢と受け取られる場合があったようだ。

■独立独歩の道

伊澤は武蔵野通研に入ったときから、かなり自由奔放に動き回った。

学生時代は尻の青さが抜けないモラトリアム人間と自認していたが、要するに目立ちたがり屋でもあったようだ。

自ら「学習院の土木科出身」とうそぶきながら、力仕事もいとわず積極的に動き回り、概して評判は良かった。だが、一方で先輩や同僚たちにも、かなりづけづけ言うので、反感をかうことも多く、そのような意味で敵も多かった。

電電公社の研究所では、当時入社して何年後かに海外研修と称して、一年間海外で研究できる制度があった。上司に噛みついた伊澤は頭を冷やしてこいという意味で、制度が適用され、一九七四年春から一年間、カリフォルニア大学のバークレイ校に遊学した。

一九七五年五月、帰国した伊澤を待っていたのは、茨城通研への異動だった。もっとも光ファイバの研究部隊が茨城通研に統合されており、今度は仕方なく従った。

茨城ではすでにMCVD法の改良研究が始まっていた。当初伊澤もこれに加わったが、新しい製法開発の考えも出ており、ある人物がこれを伊澤に担当させようと言いだし、伊澤に白羽の矢が立った。伊澤は何とかなるだろう、やればできると考え引き受けた。

開発の経緯についてはすでに詳しく述べたが、伊澤が重視したのは、長い光ファイバを量産できる製法の開発とガラスの純度を高くして、損失を極力少なくすることだった。

伊澤はこの二つを目標を掲げた。研究費がほとんどなかったので、室長に金を出してくれるよう申し出た。「これは基礎研究でなく技術開発です。お金が必要です」といったが、室長からは「頭を使え」と怒鳴られ、まともに聞いてくれなかった。

伊澤も短気なほうだったが、その室長は伊澤以上に短気だった。

そこで伊澤は一計を案じ、極端に大きな光ファイバ母材の模型を作って、当時の電電公社研究開発の予算担当マネージャーに、それを見せながら直訴した。

MCVD法で作った母材の周りを厚い石英ガラスで包み、外径が三・五センチメートル、長さ一六センチメートルという母材の模型であった。MCVD法で作った母材は直径が一センチメートルにも満たない時であった。

模型は強い印象を与えた。伊澤は模型を使って、このように大きな母材を量産化する製法開発の必要性を説き、予算を付けてくれるようアピールした。

模型を使った伊澤の説明は効果的で説得力があった。幸い伊澤の考えを聞いてくれる人たちがいて、当時の金で約一億円の予算を獲得することができた。上司を飛び越えての行為であった。

費用は獲得できたが、新しい光ファイバ開発についての伊澤の考えは、研究室のほとんどのメンバーからは「そんなことできるはずがない」といって笑われた。

笑わなかったのが同じ研究室にいた宮下忠（現・ＰＩＲＩ社長）と実験を担当することになる塙文明（現・ＮＴＴエレクトロニクス）の二人であった。宮下は研究室ではＭＣＶＤ法を担当していたが、伊澤の考えを積極的に支援してくれた。

新しい製法についての議論は宮下ともう一人の中原基博（現・NTTエレクトロニクス常務）との三人で盛んに交わした。宮下と中原は伊澤の二つ年下であった。

ここに登場した宮下、中原、塙らは、五年前、当時光ファイバ研究のリーダーになった枡野から、光部品の七人の侍と呼ばれた内の三人であった。

伊澤から強引に引っ張られる形で、伊澤チームに入った入社二年目の須藤昭一（現・NTTマイクロシステムインテグレーション研究所長）は、最初、伊澤のアイデアが理解できなかった。多孔質母材の透明化はそう簡単にできない、と考えていたからである。周りの誰もがそう思っていた。

須藤は金沢大学三年の時、当時武蔵野通研の幹部が「光通信の現状と将来」と題して、金沢大学で講演したのを聞き、面白いと思い、光研究を志した。だから、光通信や光ファイバの研究をやりたくてNTTに入ったという、当時としては珍しい新人であった。自分から手を挙げて、茨城通研に配属になったので、伊澤の誘いにもそう抵抗はなかったが、自分でも納得した実験をやりたかった。

徹底して考え抜き、納得したあとは最後までやり抜くことを信条とする須藤は、リーダーの伊澤に問いただし、最初から透明ガラスを作るか、まず多孔質ガラスから入るかで、丸々一週間、伊澤と徹底的に議論した。

須藤は茨城通研に配属されて、最初の一年間、「直接ガラス化法」の実験を担当していた。これは多孔質ガラスを経由しないで、最初から透明なガラスをつくるというガラス製法の一つであった。伊澤も武蔵野通研で「直接ガラス化法」の研究に取り組んだことがあったことから、最初から透明化するという方法も選択肢の一つではあった。

だが、直接ガラス化法ではドープ剤の二酸化ゲルマニウムが入り難くなる。伊澤はこれを重くみて、多孔質ガラスから作ることを提案した。しかし、この場合は二酸化ゲルマニウムは入りやすくなるが、透明化が極めて難しいとされていた。一週間議論した後、須藤は伊澤の選んだ方法でやってみようと決心した。

一方の塙は、最初から伊澤のアイデアで実験することに異論はなかった。誰もがやったことのない方法でないと、新しいものはつくれないと考えたからだ。だが、簡単にそう思ったわけではない。塙もまたきっちり考えをつめて実行するタイプであった。実験センスも抜群であった。いったん方針が決まると、三人は実験の進め方でも意気投合した。

だが、伊澤の新製法への挑戦は、周囲からは実現は無理だと受け取られていた。

ＭＣＶＤ法がきわめて安定した製法として、内外で評価されつつあった。周りではまずはお手並み拝見といったなかで、伊澤チームの実験はスタートした。

ＶＡＤ法はＭＣＶＤ法のような内付け法でなく外付け法であったが、コーニング社のＯＶＤ法とも違っていた。内付け法では出発棒（石英ガラスパイプ）の長さで母材の長さも決まるので、大きな母材はできない。外付け法でもＯＶＤ法は心棒で長さが制約される。だが、ＶＡＤ法だと母材はいくらでも長くできる。原理的には継ぎ目のない、無限の長さの光ファイバを作ることができる。成功すれば極めて生産性に優れた製法だ。

この方法では、真円状のガラス母材を長さ方向に成長させなければならない。だがその中心の軸となるものがないのだ。しかも、軸の中心部を最も屈折率を高くし、周辺部にいくにしたがって徐々に屈折率を下げてやるという、屈折率制御の難しい問題があった。何よりも中心となる軸のようなものはなかったから、「そんなものできっこない」と誰れもがいうのも頷けたのだ。

前出の光線路研究室長の枡野は、武蔵野通研のころから伊澤を高く評価していたが、この話を聞いた時、多孔質ガラスで屈折率分布をつくることはできないだろうと思い、伊澤の提案には冷たい態度をとったという。また、武蔵野通研で強誘電体研究から光学結晶研究を一貫して担い、通研内では光研究の推進派であった部品材料研究部長の新関暢一も、伊澤チームには厳しい態度をとりつづけた。

新関は日本独自の製法開発を、なんとか成功させたいと考えていた。だが、伊澤の提案の良い面と悪い面を的確に把握したうえで、開発チームには厳しい姿勢をとりつづけた。一向に進展のない実験を繰り返しているのを見て、これはやはり無理かなと思った。だから、VAD法開発の目処がついた時、一番喜んだのは新関であった。その後は、VAD法の完成と育成に力を注ぎ、VAD法の事実上の名付け親となった。

■非常識から生まれたVAD法

さて、伊澤の提案は非常識だとほとんどの人びとに受け取られたが、伊澤は大学院のころから「研究とは非常識を常識に変えることだ」と考えるようになっていた。だから、周囲の批判は特別気にならなかったが、予算も獲得した責任もあり、新製法の開発に真剣に取り組んだ。別に気負っていたわけではなかったが、当初はやればできるという自信があった。立てた目標、開発の手順はそう難しいものではなかったからである。

しかし、実際に実験を始めてみると、つぎつぎに難しい問題にぶつかった。

本人が言う非常識な方法に挑戦するからに、難しいのは当然といえば当然であったが、その壁を乗り越えないと、新しいものは出来ないというのも常識であったのだ。

同心円状にならない、気泡がとれないという苦しい日々がつづき、壁にぶつかって悩んでいた時、部長はこの開発は駄目だと考えたようだ。

ガラス棒の先にガラスの粉末を吹きつけて、中心部から周辺部へと屈折率を変化させた真円状の多孔質ガラスをつくり、それを透明化していくことが簡単にできるはずがないというのが、本当のところだったと思う。

部長からもう止めろと言われた時、伊澤は心が揺らいだ。状況は八方塞がりであったからだ。そばにいた須藤は伊澤がギブアップ寸前だったことを覚えている。その時が一番苦しかった時であった。だが、伊澤はともかく若い部下のためにも、もう少し頑張ってみようと考えた。

それから少しして、ある日、突然のように良い結果が出た。

「スタートの時点では上手くいくと考えたが、実際のところは不安であった。基礎研究では何をやるかを決めることと、それを具体化していく二つのベクトルがあるが、この光ファイバ製法の開発は具体化の一つであった。だから楽だと考えたが、実際はかなり厳しい道のりであった。若い二人はよくやってくれた。二人とも自分の言ったことを信じて黙々とやってくれた」と伊澤は述懐する。

一九七五年の夏から検討を開始し、実験に入ったのは秋、実験装置をつくり直して翌年の春から再開し、それから約一年半後の一九七七年秋、ほぼ目指した目標に達することができた。

伊澤が目指したのは、量産性に優れた経済的な製法の開発だった。具体的な目標としては「多孔質母材を軸方向に成長させ、これを透明化すること」が基本であった。これをクリアしたのである。これがVAD法の本質であった。

すでに述べたように一九七八年二月、伊澤は部長から呼ばれ、異動を言い渡される。

伊澤が目標としたVAD法の基本は達成したものの、これを実用化していくにはまだまだいくつかの壁を乗り越えなくてはならなかった。伊澤はVADの完成を目指し、腰を据えて取り組もうとした矢先だったので、この異動は納得できなかった。

伊澤はいろいろ抵抗を試みて、VAD法の研究を続けることを主張したが、駄目であった。何故異動になったのか本人は匆論分からなかったが、茨城への異動は期限付きであったようだ。当時の関係者の話では、伊澤は武蔵野の基礎三研のエース格とされ、将来の研究所長候補の一人とみられていた。いずれ武蔵野に戻すことは決まっていたという。

伊澤が抜けたあとは、須藤の高校の先輩で三つ年上の河内正夫（現・NTT先端技術総合研究所所長）がリーダー格になった。河内はVAD法を完成させた後、PLC（プレーナー光波回路）開発の中心となった人物である。

VAD法の完成までには、五つのバリアがあった。

①多孔質母材を軸方向に作る、②これを透明化する、③透明化したあとの水分の除去、④コア部分

の屈折率分布制御、⑤単一モードの生成である。

このうち①と②はVAD法の本質で、伊澤らがクリアしていた。VAD法の完成には残り三つのバリアの③～⑤を解決しなければならない。これもかなり難しく高い壁であった。河内、塙、須藤らのほかMCVD法を担当していた前出の中原、枝広、そして稲垣伸夫らが積極的にサポートすると共に、VAD法の量産化確立のため、メーカーの必死の努力が続いた。

■VAD法の評価と広がり

伊澤は古巣の武蔵野通研に戻った。

部長から何か新しいことをやれといわれ、いろいろ考えたが、武蔵野通研に入所して最初に取り組んだ光回路に再び挑戦し、光回路を徹底して追求してみようと思った。

光回路をやろうと考えた時、伊澤は昔やったイオンの電気移動を応用するのではなく、LSIの製造で使われるようになっていた、フォトマスクによるエッチングの技術が頭に閃いた。後にこの方法は「平面光波回路」（PLC＝プレーナ・ライトウエーブサーキット）の研究へと発展していく。これもまた日本で生まれた技術であった。

光回路の研究に入って間もなく、二年後の一九八〇年、伊澤は技術開発本部という電電公社の技術開発指令部ともいうべき部門へ異動となった。通研に入って一〇年、学部卒で入っていれば一五年という節目であった。

電電公社の研究所に入ってから、伊澤はときには自分から選んでまでも光にこだわり、光一筋に進んできた。いま正に光通信の時代を迎え、ＩＴを形成する重要な技術として、光技術は時代の流れとなった。伊澤の選んだ道は、時代の要請でもあったのだ。

その意味では強運に恵まれていた。三〇年前、誰もやらなかった光ファイバや光回路の研究に率先して入り、光ファイバではＶＡＤ法を開発し、光回路ではＰＬＣ開発につながる道を一番先に切り開いたからである。だが伊澤に言わせれば、自分がやれそうだと思ったことを選んだのであって、当時は一番手の研究者がやるテーマではなかった。

一九八一年、伊澤達夫はＶＡＤ法の開発で電子通信学会業績賞・論文賞を受賞した。

同じ年、米国ＳＰＩＥ業績賞（低損失光ファイバ開発で貢献）を受賞。このときはＯＶＤ法を発明した米国コーニング社のケック（Keck）とシュルツ（Schults）、ＭＣＶＤ法を発明したベル研のマクチェスニーそしてＶＡＤ法の伊澤達夫という、光ファイバの製法の節目となった四人に与えられた。

その後も伊澤は国内では、科学技術庁長官賞、恩賜賞などを受賞した。

さらに二〇〇〇年、イギリスの光導波路の始祖といわれる、チンダル（Tyndall）を記念して設けられたチンダル賞を受賞した。光ファイバと光回路のパイオニアとしての貢献が授賞の理由であった。

数々の賞を受賞するにつれ伊澤は国内外で脚光を浴びるようになった。

だが、一方で伊澤がスポットライトを浴びるにつれ、伊澤は功績を独り占めにし、天狗になっているなどの声も聞かれるようになった。発明・発見では、このような声が上がることは珍しいことではない。

電電公社の中では、いつもはあまり陽のあたらない材料部門が、ひさびさに出た超弩級の成果で材料屋出身の幹部がすっかり舞い上がってしまい、伊澤をことあるごとに持ち上げたこともオーバーヒート気味で、他の部門からの反感をかったともいわれている。

また、外部からの批判は、電電公社に対するメーカーの日頃の鬱積の裏返しでもあった。

当時、電電公社は日本の電話事業を独占し、通信インフラの全てを押さえた強大な組織であった。その下で通信機器メーカーは新規事業、設備の更新などを請け負うことで、潤うことができていたが、反面、強大でときに尊大でもある電電公社の振る舞いに、鬱憤をつのらせていたことも事実だった。

そのような中で、BAD法とも呼ばれたVAD法を使えるようにしたのはメーカーだ、という思いがあったことから、ひとり伊澤の功績として喧伝されることに、割り切れない思いを抱いていたとしても、あながち否定はできないだろう。

この問題とは少しずれるが、伊澤は研究開発の感想として次のように述べている。

「私は研究のため、上を飛び越えて研究費をとってきたということもやった。そのようなことをする人は滅多にいない。やれば場合によっては左遷される可能性がある。私は左遷されても怖くはなかったが、逆にそれだけの自信はあったつもりだ。もっとも新しいことをやった人のほとんどは皆そのようなことをやっている」

この発言は単に自信とか強気でいっているようには思えない。本人が気づいているかどうかは分からないが、何かがあるのではと思わせる発言だ。何かとは創造力あるいは突破力といった類のものではないだろうか。伊澤本人がいうように、新しいことをやる人に備わった力とでもいうのであろう。この何かがなければ、ＶＡＤ法は生まれなかったと言えなくもない。

第五章　メーザの発明からレーザへ

メーザの発明は、トランジスタの発明と共に二〇世紀三大発明の一つといわれている。それはすでに何回かふれたように、メーザ（レーザ）がコヒーレンスな電磁波であるからだ。この優れた特性によって、レーザは様々な分野で活用されるようになった。光通信用の光源もその一つである。

特に、次章で紹介する室温連続発振半導体レーザの出現で、簡便なレーザが得られ、ごく身近なところでも使えるようになった。そのあとの社会への普及については多言を要しない。レーザの社会への浸透と、人類に与えたインパクトは、トランジスタに比すべきものがある。このようなことを視野において、メーザ（レーザ）がどのようにして生まれたかを振り返ることにしよう。

■月面から返ってきた光

一九六九（昭和四四）年七月二〇日、地球からおよそ四〇万キロメートル離れた月面に、アポロ計画による月着陸船が舞い降りた。着陸船からはアームストロングとオルドリンの二人の宇宙飛行士が月面に降り立ち、人類として初めて月面に第一歩を印した。

このときの様子は全世界にテレビ中継され、多くの人びとは二人の宇宙飛行士が潜水服のような宇宙服を纏って月面を歩く姿を、はっきりと捉えることができた。

彼らの月面での行動のすべてがテレビ中継されたわけではなかったが、活動の一環として、二人はコーナーキューブもしくはコーナープリズムと呼ばれていた反射鏡を、地球に向けて設置していた。

四〇万キロメートル近く離れた地球では、米国カリフォルニア州のリック天文台とテキサス州のマクドナルド天文台で、天体物理学者が大きな望遠鏡で月面をにらんでいた。

着陸船が月から離れたあと、天文台では望遠鏡で月面を確認すると、望遠鏡に取り付けられた小さな装置から、月に向けて鋭いビーム状の赤い光が発射された。月面に達した光は、アームストロングらの設置したコーナープリズムで地球に折り返され、天文台ではその微かな反射光を検出した。

地球から発射された光は、直径一センチメートルほどのレーザ光を、光学系で数十センチメートルに広げたビーム状のレーザ光であった。

この測定は光を発射して、それが戻ってくるまでの時間から、地球と月の正確な距離を測ることにあったが、誤差の範囲は僅か数十センチメートルという精度であった。

月面に向けて発射された光がレーザであった。

この約一年半前、無人の宇宙船が月面に着陸した。このとき、ロサンゼルス近くにあるカリフォルニア工科大学ジェット推進研究所から月に向けてレーザ光が発射され、それを月面の宇宙船のテレビカメラが検出していた。出力は僅か一ワットであった。

一方、ロサンゼルス一帯は数千キロワットにもなる光に溢れていたが、月面のテレビカメラでは、その光を全く捉えることはできなかった。いかに強力な光でも、四方八方に広がる光では拡散してしまい、遠くへは届かないのである。

レーザによる光は鋭く絞りこまれ、位相のそろった波であることから拡散しないで真っ直ぐに進む。懐中電灯程度の出力でも、四〇万キロメートル離れた月面で十分光って見えたのである。

このとき使われたレーザは、一九六〇年、メイマンによって初めて発振に成功したルビーレーザであった。ルビーの結晶を発振素子とする固体レーザであった。

■メーザの発明

レーザ光は矢のように直進する。鋭い光のビームは、どこまでも広がらないで進んでいくかのように見える。その性質を利用して、レーザはいろいろな分野で使われるようになったが、その元祖は光ではなくマイクロ波によるメーザが最初であった。

メーザは一九五四年四月、コロンビア大学のタウンズによって発明された。一九一六年にアインシュタインが、理論的に示していた誘導放出という現象の実現であった。

アインシュタインは、自然の熱放射には自然放出と誘導放出の二つがあることを理論的に示した。自然光では誘導放出のほうは自然放出よりもはるかに弱く、メーザ・レーザでは誘導放出が自然放出よりも圧倒的に強いということであった。

タウンズは電波分光学の研究者で、当時、マイクロ波を使って物質のスペクトルを測定し、それを解析するという研究をしていた。その過程で、アンモニア分子による分子発振器からマイクロ波を発生するアイデアを思いつき、マイクロ波の誘導放出に成功した。これがメーザであった。

メーザの特徴は誘導放出にある。誘導放出については次項で説明する。

太陽の光をはじめ電球や蛍光灯など、普通の光源からでる光は自然放出光で、いろいろな分子や原子などを含み、その波長や位相はバラバラで四方八方へと飛び散っていく。

これに対して誘導放出による光は、コヒーレント波（第一章の〔注1〕を参照）といわれ、位相のそろった純粋な単一スペクトルによるきれいな正弦波だ。位相がそろっていることから、ビーム状にすると直進性をもつことになる。

タウンズは、アインシュタインが理論的に示した誘導放出を実現し、マイクロ波の発生に成功したのである。一方、レーザはメーザを光に拡張したもので、四年後にタウンズと弟子のショーロウが提唱した。

一九五一（昭和二六）年の春であった。

メーザの発明に至るきっかけは、タウンズの早朝散歩から生まれた。

コロンビア大学のタウンズ教授は、マイクロ波で化学反応を制御する研究委員会に出席するためワシントンにきていた。早起きのタウンズは、出張先ではあったが、いつものように朝食前の習慣で、ワシントン市の中央部にあるフランクリン公園を散歩していた。

当時、タウンズはマイクロ波分光学を研究していた。ぶらぶらと歩きながらも、時々、研究中のことが頭に浮かんでくる。その日もそうであった。マイクロ波を分子発振器で発生できないかという考えについて、アンモニア分子の反転分布の状態をつくり、それを空洞共振器の中に導いて、誘導放出によってマイクロ波を増幅すれば、マイクロ波が発振するかも知れないとの考えが閃いた。

タウンズは、急いでポケットにあった封筒を取り出し、マイクロ波を発生させるにはどれくらいのアンモニア分子数が必要か、封筒の裏側を使って計算してみた。

これがメーザ発明の端緒であった。

委員会が終わり、タウンズは大学に戻ると、昔の量子力学のノートを探し出し、フランクリン公園で得た着想の物理的根拠について、誘導放出による増幅作用の可能性を確認した。そこで、タウンズはこの着想を実証するため、大学院生のゴードンと博士研究員（ポストドク）のザイガーと共にマイクロ波発生の実験に入った。

三年後の一九五四年春、ついにアンモニア分子による誘導放出によって、二四ギガヘルツのマイクロ波の発生に成功した。この研究速報を『フィジカルレビュー』に投稿、レビュー誌は一九五四年七月に刊行された。

翌年（一九五五年）の二月、タウンズは分子発振器によるマイクロ波の発生を、Microwave Amplification by Stimulated Emission of Radiationとし、その頭文字を集めてＭＡＳＥＲ（メーザ）と名付けた。

日本では「誘導放出によるマイクロ波増幅」と訳されたが、一時はマイクロ波分子発振器とか分子増幅器と呼ばれた。ここではメーザということで話を進めていく。

■誘導放出とは何か

量子力学によれば、原子はいつもあるエネルギー状態にある。この状態をエネルギー準位（レベル）という言葉で表す。一番低いエネルギー状態を基底準位（レベル）といい、最も安定した状態である。以下、光について話を進める。

原子が一つのエネルギー状態から別のエネルギー状態に移るとき、それぞれのエネルギー準位の差に相当する波長の光を放出したり、吸収したりする。

いま基底状態にある原子が光を吸収すると、エネルギーを得て上のエネルギー準位に上がる。上のエネルギー準位に上がった原子は、吸収したときと同じ波長の光を放出して元の基底状態に戻る。この時放出される光が自然放出光だ。

アインシュタインは、光の自然放出や吸収と共に、誘導放出が起こり得ることを理論的に示した。誘導放出とは、上のエネルギー状態にある原子が下のエネルギー状態に落ちる際、その時入射した光と同じ波長と位相をもった光を放出する現象だ。

吸収と誘導放出とは同時に起こり得る。光が入射すると、原子が下の準位にあれば上の準位に上げられ、上の準位にあれば下に落とされる。しかし、入射光に対する誘導放出よりも誘導吸収のほうが強く、差引では吸収しか起こらないとされていた。

では、誘導放出はどのようにすれば起きるのか（図6参照）。

いま、上のエネルギー準位（W_2）にある分子数をN_2、下のエネルギー準位（W_1）にある分子数をN_1とする。分子は低いエネルギー状態のほうが安定するから、下のエネルギー準位にある分子数が上のエネルギー準位の分子数よりも多い場合（$N_1>N_2$）、つまりW_1からW_2へ分子が励起される場合は、吸収スペクトルとして観測される。

ここで、逆に上のエネルギー準位（W_2）にある分子数N_2を、下のエネルギー準位（W_1）の分子数N_1よりも意図的に多く（$N_2>N_1$）することができれば、負の吸収つまり誘導放出が起こるはずだ。

問題は、$N_2>N_1$という状態（反転分布）をどのようにして作りだすかであった。

原子や分子は一番エネルギーが低い状態で安定しており、熱力学的にも$N_2>N_1$となることはあり得なく、反転分布をつくることは不可能と考えられていた。

ある物質のなかの原子を励起して、基底状態から上のエネ

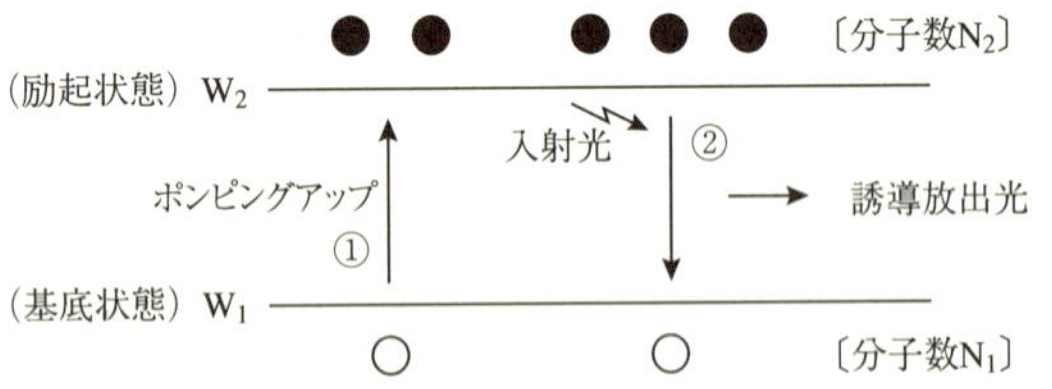

①低いエネルギー状態（基底状態）から，高いエネルギー状態（励起状態）へ分子をポンピングアップし、W_1の分子数N_1よりもW_2の分子数N_2のほうを多くしてやる ⇒ 反転分布の状態をつくる。

②励起状態にある分子が基底状態に戻るとき，外部から光を入射してやるとW_2にある分子は入射した光と同じ方向，同じ位相の光を放出してW_1の状態へ戻る ⇒ 放出される光が誘導放出光（レーザ）である。

図6　レーザ（誘導放出）のしくみ

ルギー状態にポンピングアップし、上の準位の原子の数を多くして、負の吸収を実現しようとする試みはあった。だが、アインシュタインが示した誘導放出を利用して、発振器や増幅器を作るという発想は一九五一年まで出なかった。

一方、一九二〇年代の後半、分割陽極型マグネトロンが発明され、マイクロ波の発生が可能になった。一九三〇年代に入ると、マイクロ波を使って、物質の物理的性質を研究する電波分光学が生まれた。

さらに、第二次世界大戦の勃発は、電波兵器としてのレーダーの研究を促進した。

多くの物理学者や電気・電子工学者がレーダーの開発に駆り出され、共同で作業した。それが戦後、物理学の研究に電子技術や工学的手法が持ち込まれ、電気・電子工学の研究に物性論や量子力学が持ち込まれるという結果を生んだ。エレクトロニクスと物理学が融合する下地ができたのである。

■電波分光学から生まれたメーザ

戦後、電波分光学では、レーダーに用いられたマイクロ波を使って、原子や分子のマイクロ波スペクトルの研究、電子スピン共鳴、核磁気共鳴などの研究が盛んになった。マイクロ波を照射することで、物質の原子や分子を揺り動かし、その応答波を観測して物質固有の性質を解明する研究であった。

その結果、多くの原子や分子のマイクロ波による吸収スペクトルが観測されるようになった。その間、電波分光学者の間では、しだいに反転分布による誘導放出の可能性、負の吸収によるコヒーレント増幅の可能性が論じられるようになった。

さらに、反転分布による増幅に成功したら、これに正のフィードバックをかけて発振させ、マイクロ波発振器ができるのではとの期待感も生まれるようになっていた。

メーザの考えは、第二次世界大戦後、電波分光学の研究から生まれたのである。

電波分光学の研究者にとって、誘導放出を実現することは、単に負の吸収を観測しようという学問的な興味だけではなく、増幅作用を実現し、マイクロ波の発振器を作るという構想に発展していった。

当時、マイクロ波は前述したように、マグネトロンなどを使って発生させた。

これは真空管の電子技術、つまりエレクトロニクスの技術であった。だが、真空管による発振では高い周波数の発振に限界があり、また真空管自体サイズも大きく、寿命や安定性で問題があった。電波分光学が目指したマイクロ波の発振器は、量子力学的考察から生み出された、物理学的アプローチからの発想であった。

具体的には、空洞共振器の中に反転分布となる分子を入れて誘導放出を発生させ、それに正のフィードバックをかけることで、マイクロ波を連続発振させようとする試みであった。古典的な分光学者からは出てこない発想であった。物理学とエレクトロニクスの融合という新しい分野の誕生でもあった。

このような経緯を経て、一九五一年、タウンズは反転分布を起こすための条件に思い至ったのである。アンモニア分子を励起し、反転分布の状態をつくり、その分子を空洞共振器に導いてマイクロ波を増幅し、発振させる実験を繰り返した。

その結果、一九五四年、マイクロ波の誘導放出による分子発振器、すなわちメーザの発振に成功したのである。

■チャールズ・タウンズ

チャールズ・H・タウンズは一九一五年、米国サウスカロライナ州グリーンビルに生まれた。父は弁護士であったが、家は代々綿花を栽培する農家であった。一九三五年、ファーマン大学で物理学を修めたあと、デューク大学に進み修士号、その後カリフォルニア工科大学で博士号を取得した。

この間、一九三二年、ジャンスキーが宇宙からくる電波を発見したという新聞記事を読み、興味を抱いた。デューク大学は分光学と宇宙線物理の研究で優れていたが、タウンズは静電気で陽子ビームを加速するパンデグラーデという装置を使って、原子核物理で修士論文を書いた

カリフォルニア工科大学では、同じ原子核物理での同位体元素について研究、この時、分子の分光測定などを経験した。分光測定はメーザに向かう第一歩でもあった。

一九三九年九月、ドクターコースを終えたタウンズは、ベル電話研究所（以下ベル研）に入所した。営利目的を追求する民間企業での研究を嫌い、一流の大学か国立の研究所に入るのを望んだが、不況のあおりで、いずこも新規採用を止めていた。

彼の自叙伝を読むと、当初ベル研に入ることについて、満足していなかったことが窺われる。タウンズはかなりプライドの高い人物だったのであろう。しかし、ベル研へ入ったことは後の成功へとつ

ながったのであるから、人生は分からない。

最初の一年は基礎物理の研究で、磁気、マイクロ波、電子放出など、いくつかの研究室で経験させられた後、二次電子放出を解明する研究に入った。

当時、ベル研では毎週、物理学者や物理化学者が集まって、お茶を飲みながら最近の研究について懇談する談話会が開かれていた。その中には戦後、トランジスタを発明したショックレーやブラッテンらもいた。タウンズは、ベル研が当初予想したよりも、はるかにレベルも高く刺激的な環境にあることに気づいた。

一九四一年、戦時色が濃くなるなかで、後に所長になる研究理事のケリーからレーダー誘導爆撃装置の研究を命じられ、電波兵器の研究に取り組むようになった。

レーダーの研究では、マグネトロンによるマイクロ波の発生にも手を染め、波長が一〇センチメートル（三ギガヘルツ）の装置から三センチメートルへ（一〇ギガヘルツ）と進み、さらに軍の要請で波長一・二五センチメートル（二四ギガヘルツ）のレーダー開発へと進んだ。

これより先、ミシガン大学で赤外線の研究から、アンモニア分子が波長一センチメートル（三〇ギガヘルツ）程度のマイクロ波を吸収することが予測され、実験の結果、ちょうど一・二五センチメートルを中心とする波長帯で強い吸収が起こることが見いだされていた。

さらに、水の分子でもマイクロ波吸収が、ほぼ同じ周波数で起こることが指摘された。これは雨や霧の中では、マイクロ波が吸収されてしまうことを意味した。

タウンズは、このことがマイクロ波によるレーダーの開発に差し障りがあることを憂慮する反面、分子のマイクロ波吸収についての理論と分光学に魅きつけられていった。

一・二五センチメートルのレーダー装置はできたが、予想したようにレーダービームが水蒸気に吸収され、数キロメートル程度しか届かないという結果に終わった。一・二五センチメートルのレーダー開発には失敗したが、タウンズはこの後マイクロ波分光の研究に集中するようになった。

第二次大戦が終了して間もなく、タウンズはベル研の幹部に物理の研究に戻りたい、と申し出た。しかし、副所長の一人は、タウンズはいい技術者に育ったので物理に戻るのは惜しいと述べた。所長はタウンズに「君は自分がやりたいことよりも、会社のために何をやりたいかを考えねばならない」と言った。

タウンズは「ベル研はいいところだが、こういう圧力があるから、私は産業界に行きたくなかった。単に物理をやりたいという理由で物理をやりたいのだ。ベル研でできないなら、どこか他へ行かねばならないと思った」と自叙伝に書いている。自分の信念を貫こうとする強い性格であったことが窺える。

結局、タウンズはマイクロ波分光学を研究したいという申請書を提出した。これが認められ、一九四六年、分子のマイクロ波分光学の研究を開始した。

分光測定では、レーダーには役に立たなかった一・二五センチメートルのマグネトロンも利用できた。分光測定用の実験装置を作り、アンモニア分子のスペクトル線を観測し、その分析から精密な分子構造を探る精密分光学、すなわち原子核のスピンと四極モーメントの研究へと進んでいった。ちょうどその頃、ほぼ同じ研究がコロンビア大学でも行われていた。

■コロンビア大学へ

戦時中、ベル研のレーダー研究はコロンビア大学と密接に協力しあっていたし、戦後もコロンビア大学との連携はつづいていた。一九四七年のある日、コロンビア大学のI・I・ラビが出席した研究会があり、タウンズの報告にラビが論評し、それに対して明確な説明を求めたのに、ラビからは回答がなかった。

会が終わった後、ラビからコロンビア大学へきて、研究する気はないかと尋ねられた。タウンズにとって、一流の大学に就職できるチャンスが訪れたのだ。タウンズは決心するのに時間はかからなかった。翌年、タウンズはコロンビア大学物理学教室に移った。

コロンビア大学の環境はタウンズにとって、快適で、しかも刺激的であった。

ラビは一九四四年にノーベル賞を受賞していたし、在職中でも湯川秀樹（一九四九年）、P・クッシュ（一九五五年）、W・E・ラム（一九五五年）、李政道（一九五七年）。その後、タウンズがMITに移ったあとも、J・レーンウォーター（一九七五年）、S・ワインバーグ（一九七九年）、L・M・レーダーマン（一九八八年）、J・シュタインバーガー（一九八八年）らが、つぎつぎにノーベル物理学賞を受賞した。

また当時学生であったL・N・クーパー（一九七二年）、B・L・フィッチ（一九八〇年）、M・シュワルツ（一九八八年）、W・パウル（一九八九年）、大学院生のA・ペンジャス（一九七八年）、ポストドクのA・ボーア（一九七五年）、A・ショーロウ（一九八一年）、C・ルビア（一九八四年）らも、後にノーベル物理学賞を受賞した。

アンモニア分子によるマイクロ波吸収は、すでに述べたように一九三三年、ミシガン大学で発見され、実験では波長が約一・二五センチメートル（二四ギガヘルツ）で最大となることが分かった。戦後になり、英米でアンモニアの高分解マイクロ波スペクトルの実験が行われ、その吸収スペクトルが観測された。その後、アンモニア以外でもいろいろな分子のマイクロ波スペクトルの実験が行われ、その吸収スペクトルが観測されるようになった。

一九五一年、ハーバード大学のパーセルとパウンドは、核磁気共鳴を使った実験で、誘導放出を初めて観測した。反転分布という表現を使ったのもこの二人で、負の温度という新語も生まれた。

このころから、反転分布による誘導放出の問題から、研究者の関心は誘導放出がコヒーレントかどうかという問題に移っていった。そして、反転分布をもつ媒質を導波管や空洞共振器に入れて、発振条件をつくってやれば、共振周波数での増幅・発振の可能性があるという考えが出てきたのである。

タウンズが誘導放出によるマイクロ波の発生にこだわったのは、電波分光学で必要な電波について、真空管ではマイクロ波やその上のミリ波の発生が難しいことから、別の方法がないかという考えがあったからである。

タウンズは戦時中、レーダーの研究でマイクロ波の発生に携わっていたし、戦後はマイクロ波分光の研究から吸収スペクトルの問題、さらに負の吸収の考察から、反転分布の下での誘導放出の可能性について、思いを巡らせていた。

いうなれば、電波分光学という分野を切り拓いていくうちに、いつしかメーザという山頂にたどり着く道を歩みはじめていたのである。一九五一年春のフランクリン公園での着想は、そのような中から芽生えたのであった。

だが、タウンズはフランクリン公園で得たメーザの着想をすぐには発表しなかった。五月に入ってから、タウンズの助手がイリノイ大学で開かれたサブミリ波のシンポジウムで発言したのが最初だが、その時の公式記録は残されていない。

■タウンズと霜田の出会い

一九五三（昭和二八）年九月、日本では戦後初めて、国際理論物理学会議が東京と京都で開かれた。バーディン、アンダーソン、オッペンハイマーなど錚々たる物理学者と共にタウンズも初来日した。

タウンズは、日光で開かれた分子物理学のシンポジウムの後、当時の電電公社武蔵野電気通信研究所で「ミリ波の物理的・工学的応用」と題して講演した。

会場から〝ミリ波の放出スペクトルができるのか？〟という質問に答えて、タウンズはコロンビア大学で進行中のアンモニア分子線によるマイクロ波の発生に関する実験について、かなり詳しく説明した。

このときの講演記録は同年一一月、当時の『電気通信学会誌』（一九五三年、第三八巻）に掲載された。タウンズによるメーザ着想の文書は、それまで発表されていなかったことから、この記録がメーザの着想について、世界で最初に公表された文献となった。

翌年の四月、二四ギガヘルツのマイクロ波発生に成功し、いわゆるメーザの発明となるのだが、タウンズが東京で講演したころ、実験は正に佳境に入っていたことになる。

タウンズの講演を聞いた研究者の一人に、日本の電波分光学の草分けであり、その後タウンズらと共にメーザの研究を世界的にリードした霜田光一がいた。

当時、霜田は東京大学理学部物理学教室の助教授であった。戦後の荒廃の中、物資窮乏の時代に軍の放出品などを集め、マイクロ波分光の研究に入っていた。より短い波長のマイクロ波がほしいことから、集めたマグネトロンやクライストロンを使って高調波を発生させ、原子・分子のスペクトル線を多数観測していた。

だが、すべては吸収スペクトルであった。当時、スペクトル線を観測した研究者の誰もが考えたのは、マイクロ波の放出スペクトルを観測できないかということであった。

霜田は反転分布をつくれば実現できるはずだと主張してみたが、それは「熱力学に反する、そもそも負の温度などは存在しない」として、相手にされなかった。反転分布をつくる方法を実験するなど思いもつかなかったのだ。

霜田はマイクロ波分光の研究に入ってから、タウンズと論文や手紙のやりとりはしていたが、タウンズの来日で二人は初めて顔を合わせた。

霜田の研究室にもやってきて研究中の実験をみたり、説明を聞いたりした。そのころ霜田は、大学

写真5　タウンズ夫妻（後列）と霜田光一（前列右）
（1956年8月，タウンズがフルブライト交換教授として東京大学に来たころの写真）

院生の西川哲治（現・東京理科大学学長）とアンモニア原子時計やナトリウムのマイクロ波スペクトルの研究をしていた。

通研での講演の後、霜田はタウンズとメーザの話をした。

タウンズは、ボーアやノイマンからメーザのアイデアを否定されたこと、上司のラビからは「研究は意味がないので止めたら」と言われていた頃であった。霜田は「面白そうだ、それはできると思う」と積極的意見を述べ、タウンズに共鳴し、支持した。

その時、霜田が考えていたのは、単なる表面的な激励だけではなかった。

二人とも戦時中は海軍でレーダーの開発に従事し、また戦後は同じようにマイクロ波分光の研究に進んだという似たような道を歩んでいた。霜田は電波分光学者として、タウンズの研究の意味がよく理解できたから「それはできると思う」と述べたのであった。

メーザの着想は、古典物理で分光学をやっている従来の物理学者では考えられなかった。また、電気工学やエレクトロニクスの研究者では、原子や分子を制御することは不可能で、それを使ってデバイスを作ろうという考えは、おそらく思いつかなかっただろう。メーザは電波分光学から生まれたのである。

それ以来、霜田はタウンズと良き共同研究者となった（**写真5**）。霜田はアンモニアメーザに最適な集束器や空洞共振器について、タウンズにコメントや提案をした。

霜田は帰国したタウンズからコロンビア大学に来ないかと誘われた。

「どうして自分が誘われたのか、その理由を一度も聞いていないが、東京で話をして、この男と一緒にやるのがよいと思ったのではないか」といまでは思うと回想する。当時は渡航自由化の前で、渡米するのはそう簡単ではなかった。

■タウンズとの共同研究（コヒーレンス性の研究）

翌年の九月に渡米した。霜田三三歳のときであった。一年間博士研究員（ポストドク）としてタウンズ研究室に在籍することになった。最初の仕事がメーザの基礎理論、メーザのコヒーレンス性の研究であった。

ボーアをはじめとする旧来の理論物理学者から、疑問視されていたメーザのコヒーレンス性について、霜田とタウンズはその発生のメカニズムを明らかにした。

誘導放出によって放出される光が、入射した光に対してコヒーレントであることは以前から知られていたが、問題は「そうであっても誘導放出された光がレーザならば、コヒーレント光になる」ということが信用されなかったのだ。

なぜならば、メーザ（レーザ）はもともと熱放射（熱雑音）の誘導放出を利用して増幅したものであることから、熱雑音と同じように振幅と位相はバラバラに変化すると思われていた。

熱放射による自然放出光は、放出される時間とスペクトル幅との間に不確定性があり、その誘導放出で増幅したメーザ（レーザ）でも性質は変わらなく、雑音性のゆらぎをもつはずだ、したがってメーザ（レーザ）がコヒーレントの非常によい光を出すとは限らないと考えられていたからである。

コヒーレンスのよい光とは、すでに述べたように、位相のそろった純粋な単一スペクトルによるきれいな正弦波をいう。

霜田とタウンズは、電磁波の放出や吸収は二つのエネルギー準位の間での単なる量子跳躍ではなく、入射光と姿形、性質が全く同じ光、つまり入射光のコピーともいうべき光を生じること、専門的に言うと原子コヒーレンスができることを明らかにした。量子雑音がなければ、スペクトル幅はいくらでも狭くなることを示したのだ。

これはメーザ研究者の間でもなかなか理解されなかったが、いまでは量子エレクトロニクス研究者の常識になっている。霜田らの研究は、メーザ、レーザの理論研究において、歴史的にみても重要な概念の形成となった。

帰国後、メーザの改良研究から一九五六年七月、霜田はわが国で最初のアンモニアメーザの発振に成功した。折しもタウンズがこの年、フルブライト交換教授として再来日しており、霜田はタウンズと同じ東大の数理物理学者の高橋秀俊教授と三人で、メーザにおける量子雑音の基礎理論を研究し、論文を発表した。

タウンズは現在八八歳で、ミレニアムの年、大阪で開催されたレーザ国際会議に参加のため来日している。霜田との親交は厚く、人柄は温厚で敬虔なクリスチャンである。霜田より五つ年上で日本の学者とは、最初は小谷正雄と面識があった。

フルブライトの交換教授で東大に三ヵ月ほど滞在した時、日本画を習いたいといった。霜田の父が美術学校を出ていたので、先生を紹介してやったが、毎週熱心に習っていたようだ。アメリカでも時々日本画をかいていた。

さて、大きな発明・発見というのは、多くの場合、ただ一人の研究者だけが目標に向かっているのではなく、必ずほかにも挑戦している研究者がいる。明らかにゴールが設定された研究開発のレースもあるが、それはお互い知りながらの競争である。

そのようなレースとは違って、一人で登っていると思っていても、不思議と同じころ、頂上を目指す人物は必ずといってよいほどいる。ようやく登りつめた頂上でぱったり出会ったり、タッチの差でどちらかが一番手になったというケースは、過去にも多くみられるのであった。

メーザの発明でも、ほとんど同じ時期、頂上に到達した人物がいた。

一九五二年五月、タウンズの着想のほぼ一年後に旧ソビエト・レベデフ研究所のバソフとプロホーロフが独自にメーザ発振器を着想し、モスクワで開かれた電波分光学会で講演していた。バソフらの考案はタウンズのものと非常に似ていたが、使った材料はアンモニアではなくフッ化セシウム（CsF）というハロゲン化アルカリであった。

バソフの論文はタウンズのとほぼ同じ時期に投稿されたが、論文誌の刊行はタウンズの研究速報が載った『フィジカルレビュー』よりも、約三か月後の一九五四年一〇月であった。

バソフもマイクロ波分光の研究をしており、メーザのアイデアの出発点は「観測するスペクトル線の幅を狭くする方法として分子ビームを考えた」ということだった。これはタウンズとまったく同じで、分光学研究の必要性から生まれたアイデアであった。

■レーザの誕生

さて、一九五四年、タウンズらによるアンモニア分子線メーザが発明され、それまで吸収スペクトルとしてしか観測されなかったマイクロ波スペクトルが、放出スペクトルとしても観測され、それが発振器、増幅器になることが分かった。

コロンビア大学でタウンズ研究室のポストドクであったショーロウは、その後ベル研に移っていたが、タウンズの妹と結婚した関係もあって、コロンビア大学のタウンズをしばしば訪ねていた。会うたびに二人は、マイクロ波よりも短い波長でのメーザの可能性について議論を重ねていたが、一九五八年八月、それをまとめて『赤外および光メーザ』（"Infrared and Optical Masers"）を発表した。この論文はレーザの提唱に他ならなかった。

この後、いろいろなところで光メーザ、すなわちレーザの実現に向けた研究開発が活発になった。メーザ研究はブームとなった。

一九六〇年七月、アメリカのメイマン（Theodore H.Maiman）はルビーを用いて、パルス発振によるレーザ発振に世界で初めて成功した。

この年の夏、北イタリア北部アルプスの麓にあるバレンナで、世界の物理学者による夏期学校が開かれた。イタリアが生んだ高名な物理学者フェルミを記念して、一九五三年からバレンナで毎年講習会が開かれていたが、この年は電波分光学をテーマとする日程が組まれ、霜田はタウンズらと共に講師として招かれた。

そこで二つのビッグニュースが話題になった。

一つは人工衛星による宇宙中継が、初めて実現したというニュースであった。カリフォルニアから送信されたアイゼンハワー大統領のメッセージが、人工衛星エコー一号で中継され、ニュージャージー州で明瞭に受信された。

エコーによる中継は、増幅機能をもつトランスポンダによるアクティブなものでなく、反射によるパッシブ中継である。したがって、人工衛星の反射板によって折り返された電波はかなり弱くなっており、それを受信する受信機として使われたのが、低雑音のメーザ増幅器であったというのだ。

二つ目はメイマンによるルビーレーザの発明であった。

日本では八月八日付朝日新聞夕刊に、「驚異の新発明レーザ」という見出しで大きく報じられ、霜田はこれを帰国してから読んだ。しかし、バレンナでは、ルビーの反転分布をつくることは難しいとされていたのに、メイマンが成功したのは何故かということが議論になった。

ルビーの発光は、コヒーレンスのよいレーザの発振というよりは、むしろ増幅された自然放出光ではないかという疑問であった。だが、メイマンの実験は、直ぐベル研が行った追試で、誘導放出によるレーザ光であることが確認された。

なお、この講習会にはベル研のジャバンも参加していた。ジャバンはヘリウム・ネオンの気体を入れた管で反転分布を起こし、一・一五マイクロメートルの赤外線放出に成功したことを口答で発表した。

これより一年前の一九五九年九月、第一回量子エレクトロニクスの国際会議がタウンズの招請で、ニューヨークの郊外ハイビューの山荘で開催された。

メーザの基礎研究に熱心な研究者が八か国（米、ソ、日、英、仏、独、加、イスラエル）から約一五〇名ほど集まった。ソビエトからはバソフ、プロホーロフらが参加し、ヒューズ研究所のメイマン、ベル研のショーロウ、ジャバンらも出席していた。日本からは三名が参加した。

この会議でメイマンは、ルビーレーザについての研究報告を行った。ルビーレーザについては否定的意見が多く、絶望的だという空気が強く、誰もルビーレーザの実験を始めようとしなかった。社内でもメイマンは支持されていなかったという。

しかし、メイマンはルビーの発光の量子効率が低いという定説に疑問をもって測定しなおし、それが高いことを確かめた。そこで、メイマンは一センチメートル角ほどのルビー結晶の相対する二面に銀を蒸着し、レーザ発振の実験を試みたのである。

■ルビーレーザとヘリウム・ネオンレーザの発明

メイマンが着目したのは、励起光源の輝度温度であった。そこで選んだのがフラッシュランプであった。らせん形のフラッシュランプの中にルビーを入れ、一九六〇年五月、最初の発振光を観測した。再現実験も十分であった。

六月末、研究速報誌『フィジカルレビュー・レターズ』に投稿した。しかし、当時メーザ研究はブームで、投稿される論文が多いことから、編集子は基礎物理に関する重要な論文以外は採用しないとの方針を打ち出していた。メイマンの論文は該当しないということで、採用されなかったのである。

結局、イギリスの科学雑誌『ネイチャー』の八月六日号に掲載できた。

ところが、『ニューヨークタイムズ』は七月七日付朝刊一面で、レーザ発明という記事を大々的に報じた。ルビーレーザの赤い閃光は魔法の光とか殺人光線と報道され、いろいろな方面での波紋は大きかった。

しかも、ヒューズ社は報道発表に際し、実際の実験で使ったフラッシュランプとは違う大型フラッシュランプによる実験装置と、メイマンの顔を写した写真を配付した。この写真を見て、同じフラッシュランプで追試をしたが実現しなかったということで、その後メイマンは中傷を受けることにもなった。

最も若造であったメイマンの成功に対し、レーザを実現しようと躍起になっていた研究者たちの嫉妬もからみ、メイマンに対する評判は必ずしも良くなかった。世界で最初にレーザを実現した人物であるが、メイマンはノーベル賞を受賞していない。

メイマンは一九四九年、コロラド大学物理工学科を卒業し、スタンフォード大学の大学院に進み、原子分光学の研究で博士号を取得。この時、ラムの指導を受けた。ラムは水素原子の研究で一九五五年度のノーベル物理学賞を受賞したが、レーザの研究にも多く貢献、一九五〇年に発表した論文では、反転分布による誘導放出の可能性についても検討している。メイマンはレーザ研究に最適な環境で育ったことになる。

博士過程終了後、一九五六年、ヒューズ研究所に入った。原子分光学の研究、ミリ波増幅の研究を経て、一九五九年にルビーレーザの研究に入った。

なお、当時東大理学部の菅野暁と東京工大の田辺行人が、エネルギー準位構造に関する理論研究を行い、ルビーのエネルギー準位の計算をした。その実証のため、東北大の辻川郁二らとゼーマン効果の実験を行い、ルビーのエネルギー準位構造を解明していた。メイマンは、菅野・田辺の論文を読み、実験の指針としたことを明らかにしている

同じ年の一二月中旬、ヘリウム・ネオンガスレーザがベル研のジャバン（Ali Javan）によって発明された。

ジャバンはコロンビア大学のタウンズ研究室で電波分光学の研究に従事、一九五八年八月、ベル研に移ってレーザの研究に入っていた。ジャバンは発振材料に固体でなく気体を選んだ。気体のほうが物理的過程が良くわかるというのがその理由であった。

一九五九年の夏、気体を光励起させて反転分布をつくることは難しいことから、ジャバンは放電による衝突励起で反転分布をつくることを考えた。さらに、ヘリウムとネオンの混合気体を使えば、連続して動作するレーザがつくれると提案した。

この提案は他の研究者たちには理解されなかった。ジャバンはコロンビア大学からの親友で当時エール大学にいたベネットと相談しながら研究を進めた。

一九五九年、ついにベネットはベル研に移って、ジャバンの共同研究者になった。二人はヘリウムとネオンの混合気体を選び、一九六〇年からは光学技術者のヘリオットの協力を得て、高性能の反射

鏡を組み込んで実験を続け、ヘリウム・ネオンガスレーザの発振に成功した。

ジャバンは一九二六年、テヘランで生まれたイラン人であった。

二二歳の時、ニューヨークにいる姉を頼ってアメリカに渡り、猛勉の結果、一九四九年コロンビア大学に特別入学を許可され、タウンズの指導を受けた。一九五四年、マイクロ波分光の研究で博士号を取得、その後コロンビア大学で研究を続け、一九五八年にベル研に移って、気体レーザの研究を始めていた。

ルビーレーザは断続的発振であったが、ヘリウム・ネオンレーザは連続発振であった。この成功でレーザの実用性が証明されたのである。間もなくヘリウム・ネオンレーザは市販されるようになった。

第六章　半導体レーザの室温連続発振を目指して

二〇〇〇年度のノーベル物理学賞は、ジャック・キルビー、ジョレス・アルフェロフ、ハーバード・クレーマーの三人に与えられた。このうちアルフェロフとクレーマーは半導体レーザの室温連続発振達成にかかわる貢献に対してであった。室温で連続して発振する半導体レーザの出現で、レーザが様々な分野で活用されるようになり、人類社会に与えたインパクトの大きさを考慮した授賞とみられる。

科学の研究開発では、目標が大きくなればなるほど、ゴールを目指した熾烈な競争が展開される。米ソ冷戦の時代、室温連続発振半導体レーザの開発は世界の各地で繰り広げられ、米ソがほぼ同じ時期にゴールした。だが、実際にはソビエトのほうがタッチの差で早かった。

この章では、残念ながらトップにはなれなかったが、西側で最初に達成した当時ベル研の二人の研究者に焦点を合わせ、室温連続発振への挑戦ぶりをみていく。二人は四〇歳前後で半導体研究に入ったという、この世界では遅れてきた新参者であった。この二人が暗中模索のなか、あるきっかけから突破口を見いだし、見事室温連続発振にこぎ着けたのであった。二人はノーベル賞は逃がしたが、二〇〇一年度の京都賞に輝いた。

■強い光が出ていた！

ニューヨーク・マンハッタンからパストレインに乗り、ハドソン川の下をくぐり抜ける長いトンネルを過ぎて、しばらく行くと、列車はニュージャージー州マレーヒルに着く。マンハッタンとは違う静かな街だ。

ここには有名なAT&Tのベル電話研究所（以下BTLもしくはベル研）があった。

およそ四八ヘクタールという広大な敷地には、四、五階建ての横に長い建物がいくつも立ち並び、そこに約五五〇〇人の職員が働いているという大きな研究所だ。

一九六七（昭和四二）年一〇月、秋たけなわという季節であったが、木々の葉が色づくにはまだ間があった。そろそろ夕闇があたりを包み始めるという時間帯、エリア20と呼ばれるデバイス研究部門のある建物の一室で、林厳雄はさきほどからヘリウム・ネオンレーザを操作しながら顕微鏡の中を注視していた。

林の目はキラキラと輝き、顔は紅潮していた。レーザを照射した化合物半導体結晶から、かなり強い光が出ていたのだ。

林は同僚のパニッシュが作った一ミリ角よりも小さな化合物半導体結晶、それはガリウムひ素（GaAs）の上にガリウムにアルミニウムを混ぜた化合物（AlGaAs）の薄い層を成長させたものであったが、その部分にヘリウム・ネオンレーザをあて、結晶面から返ってくる光（これはルミネッセンスと呼ばれた）を光学顕微鏡で観測しようとしていた。のぞき込んだ林の目に飛び込んできたのは、思いもよらない強い光であった。林はこの強い光を見て、一瞬息をのんだ。それは通常のルミネッセンスの一〇倍以上も明るい光であったからだ。予期しなかったものに突然出合ったという衝撃であった。

「これだ、これが使えるのでは！」という思いが頭をよぎった。想像もしなかった強い光を見て、林はこれが半導体レーザの室温連続発振を、もしかしたら可能にするのではないか、その実現に結びつく、重要な鍵になるのではないかと直感したのであった。

デレクターのゴルトに勧められて始めた研究であったが、何を手掛かりに、どう道を切り開いていくか、暗中模索の状態であったのだ。

このとき林は、暗いトンネルの中で、前方にかすかな明かりを見たと思った。パニッシュと共に手探りで進めてきた半導体レーザの研究にとって、強い光との出合いは、室温連続発振へとたどり着く、重要なターニングポイントとなったのである。

■室温連続発振にむけて

すでに述べたように半導体レーザのアイデアは、それより一〇年前の一九五七（昭和三二）年、東北大の西澤潤一らによって世界で最初に提案されていた。

西澤の提案の後、その具体化はなかなか進展しなかったが、一九六〇年になって、ルビーレーザ、ガスレーザが相次いで出現した。それが半導体レーザの開発を刺激し、アメリカを中心に実現に向けた競争が激化したのである。

この熾烈な開発競争については、すでに第一章で触れたが、一九六二年、米国ＧＥのロバート・ホールらが最初の半導体レーザの発振に成功した。ただし、この発振は液体窒素温度（摂氏マイナス一九六度、絶対温度七七Ｋ）という低温下での間欠的なパルス発振で、実用にはほど遠かった。レーザを実用していくには、室温（常温）で連続発振することが不可欠であった。

ホールらの成功の後、次なる目標は半導体レーザの室温連続発振であった。だが、そこには大きな壁が立ちはだかっていたのである。

半導体レーザの連続発振には、室温で一平方センチメートルあたり一〇〇キロアンペアというとてつもない大きな電流（密度）を必要とした。液体窒素温度でも一キロアンペアであった。少なくとも室温で数キロアンペア以下にまで下げないと、到底実用化は無理であった。

半導体レーザの室温連続発振は、かなりの難題であったのだ。

この半導体レーザの室温連続発振に西側で最初に成功したのが、当時ベル研の研究員であった日本人の林厳雄と米国人のパニッシュの二人であった。

当時は米ソ冷戦時代の最中で、鉄のカーテンのなかから公式情報はほとんど伝わってこなかったが、ソビエトのアルフェロフがタッチの差で先にゴールしていたということが、後になって明らかになった。

さて、レーザ光線といえば、矢のように突き進む鋭い光というイメージであるが、ここ十数年の間に光通信の光源をはじめ、レーザプリンタ、コンパクトデスク（CD）、バーコードの読み取り機、医療機器などで広く使われるようになった。

レーザがこれほど普及したのは、レーザ自体の優れた特性によるのが第一だが、室温（常温）で連続して動作する半導体レーザが実現したからである。しかも、半導体レーザは電子機器の小型化、集積化にも十分対応できたことから、エレクトロニクスの発展と軌を一にして、社会の隅々まで普及するようになった。

一九六〇年、メイマンによる世界初のレーザは、ルビーの結晶を用いたパルス発振であったが、その年の暮れ、ベル研のジャバンがヘリウム（He）とネオン（Ne）の混合気体を使って、気体レーザの発振に成功した。これは連続発振であったことから、レーザの使用が現実のものとなった。

ただ、気体レーザは装置自体のサイズが大きく、高電圧を必要とするなど取り扱いも簡単でないことから、用途は限られていた。

これを真空管にとって替わったトランジスタのように、半導体で作ることができれば、はるかに小型軽量で、消費電力も少ないレーザが実現する。そうなれば、様々な特性をもつレーザを手軽に使用することができて、人びとの生活に多くのメリットが生まれることは明らかであった。半導体レーザの室温連続動作が強く望まれたのである。

この研究課題は、半導体研究者にとっても十分魅力的であった。研究開発のポイントは、半導体のｐｎ接合で強い光を発生させ、それを狭いところに集中させて、効率よくレーザ発振に導いていくことだった。

だが、そのハードルは相当に高く、一九六〇年代半ばには、多くの研究者が高い壁に阻まれて行き詰まり、研究は停滞気味であった。

■憧れの半導体研究へ

林厳雄が半導体レーザの研究に入ったのはそのような時であった。

林は物理屋であったが、学生のころはレーダーの研究でマイクロ波に関わり、卒業後、原子核研究所で高周波を使うサイクロトロンの設計など、エレクトロニクスに関係する研究が専門になっていた。だが、半導体を扱うことについては素人に近かった。ベル研にきて半導体の研究に携わるようになったのは、林の秘かな希望がかなうことでもあったが、偶然というか、ラッキーな面が強かったのだ。

アメリカに渡った時、林はすでに四〇歳をすぎていた。

一九四六（昭和二一）年、東京大学の物理学科を出た林は、物理現象を応用して新しいものを作ることに興味を抱いた。最初は放射能の測定器やカウンターの研究に携わった。その頃アメリカでトランジスタが発明され、マイクロ波の研究をやったこともあって、エレクトロニクスに興味を抱いた。

当時、エレクトロニクスはアメリカが最も進んでいた。林はエレクトロニクスを勉強するにはアメリカに留学したいと思った。トランジスタが発明された地で、それがどのように研究されているかを見たいとも思っていた。

一九六三年の夏、ようやくチャンスが訪れ、林はアメリカの土を踏んだ。

最初の一年間は、研究室の友人の紹介でＭＩＴに滞在した。林はＭＩＴの原子核研究所のエレクトロニクス関連の研究グループに入った。

一年後ベル研に移り、ここで放射線研究グループに入った。そこのデレクターのブラウンは、半導体を利用した放射線検出器のパイオニアであった。林はブラウンの下で人工衛星用の放射線測定器の研究開発に携わった。

たちまち二年がすぎ、東大との約束である在外研究期限の二年が来てしまった。

せっかくベル研にきたのにこのまま帰国したら、念願の光半導体研究にほとんど触れずに帰ることになる。東大を辞めてベル研で研究を続けたいと上司のブラウンに伝えると、ブラウンはベル研のなかの半導体関係部門を二、三箇所あたってくれた。

ブラウンの仲介で、林は数カ所の研究室を訪ねた。その一つにガリウム燐（GaP）など光半導体を研究していたデバイス研究室があった。そこのデレクターのジョン・ゴルトが林を受け入れてくれたのである。

この研究室は、研究部門である固体電子研究所（ソリッドステート・エレクトロニクスリサーチ）の中にあって、昔ショックレーらがトランジスタの研究をしていたところであった。基礎物理とデバイスの中間にあって、新しいデバイスの開発をねらった研究室であった。

林はゴルトを訪ねた時、光に関係した半導体の研究をやりたいと希望を述べた。半導体については全くの素人であったが、ＭＩＴにいた頃から半導体レーザに強い魅力を感じていた。

ゴルトは通信の将来は光通信であると確信していた。その実現のためには、室温で動作する半導体レーザが不可欠だと信じていた。だから、室温で連続発振する半導体レーザの基礎研究を始めようとして、研究者を探していたところだった。

そこへ林が現れたのだ。両者の思惑が一致したのである。

当時、ベル研の幹部で光通信を真剣に考えている人物はいなかった。その意味でゴルトの先見性は素晴らしかった。林が現れる前にゴルトは化学者のモートン・パニッシュを採用し、その相棒として物理系の人物を求めていたのだ。

ゴルトの計画と林の希望が一致し、林は半導体研究の世界に入ることができた。あとから考えると、運命の糸に導かれるようにして、自分が望んでいた研究に就くことができたのである。林は運命の不思議な結びつきをかみしめることになった。

林はそのときすでに四四歳、パニッシュは三七歳であった。二人は研究者としては経験豊かであったが、半導体については素人であった。ゴルトは、その道の専門家は既成概念にとらわれやすく、新しい発想が出にくいとの考えから二人を選んだようであった。

一九六六（昭和四一）年七月、デバイス研究室に移ってほぼ一ヵ月後、林とパニッシュの二人はゴルトに呼ばれた。ゴルトは室温連続発振半導体レーザの重要性を述べると共に、何故半導体レーザの発振電流値がこうも高いのか、それを二人で研究するよう説いた。

この時のことをパニッシュは、「成功することについて、ゴルトはあまり期待していないような意味のことを言った」と述べ、また「連続発振の問題が解決したときベル研がとり残されないように、だれかに研究させておきかったのだ、と別の場でゴルトが洩らしたのを覚えている」とインタビューに

答えている。（ボブ・ジョンストン著『チップに賭けた男たち』講談社）
このことについて、林は次のように解説してくれた。
「ゴルトの真意は基礎研究をやってもらいたいということだった。世界でまだ誰も本格的に着手していなく、かなり難しい問題だから、二人でやってできるという保証はない。だが基礎研究をやっていれば、誰かが成功してもすぐフォローできる」と言ったのだと述べ、さらに「ゴルトは成功すれば大きなインパクトを与えるだろうということを見抜いていた。しかし、それをどうしたら実現できるかについては分からなかったのだ」と付け加えた。

■半導体レーザの研究に入る

このようにしてパニッシュとの共同研究が始まった。

二人はガリウムひ素（GaAs）を扱ったことがなかったので、まずガリウムひ素の研究から始めた。化学者のパニッシュはガリウムひ素の結晶作りのための相図の研究、林は結晶の発光特性の測定を担当した（**写真6**）。

最初はガリウムひ素のルミネッセンスはどうか、その発光のしかた、効率、不純物を入れてやるとどうなるかなど、パニッシュと協力して基礎的な研究をしていた。パニッシュがガリウムひ素のエピタキシャル結晶を作り、それを林がフォトルミネッセンスを観測して、評価するという形であった。

エピタキシャル結晶とは、ガリウムひ素などの化合物半導体を作るとき、溶かした結晶成分を結晶基板の上に上塗りを繰り返すように漬けて、だんだん厚みをもたせ、成長させていく結晶のことをいう。

このようにして、ガリウムひ素の発光の性質を勉強することでほぼ一年を費やした。

林らが半導体レーザの研究開発に入った一九六六、七年ごろは、室温での連続発振を目指す研究が世界的に足踏みしていた時期であった。最大の難関は、動作電流が温度の上昇と共に急激に増大し、室温では一平方センチあたり一〇〇キロアンペアなどという大電流となることであった。これでは室温での連続発振は無理であった。

半導体を使ったレーザ発振の基本的な仕組みは、そう難しいことではない（**図7**参照）。

ガリウムひ素など発光しやすい化合物半導体を選び、そのp型とn型をくっつけて半導体のpn接合をつくる。p型はホール（正孔）が電気を運び、n型は電子が電気を運ぶ。そこでpのほうにプラス、nのほうに

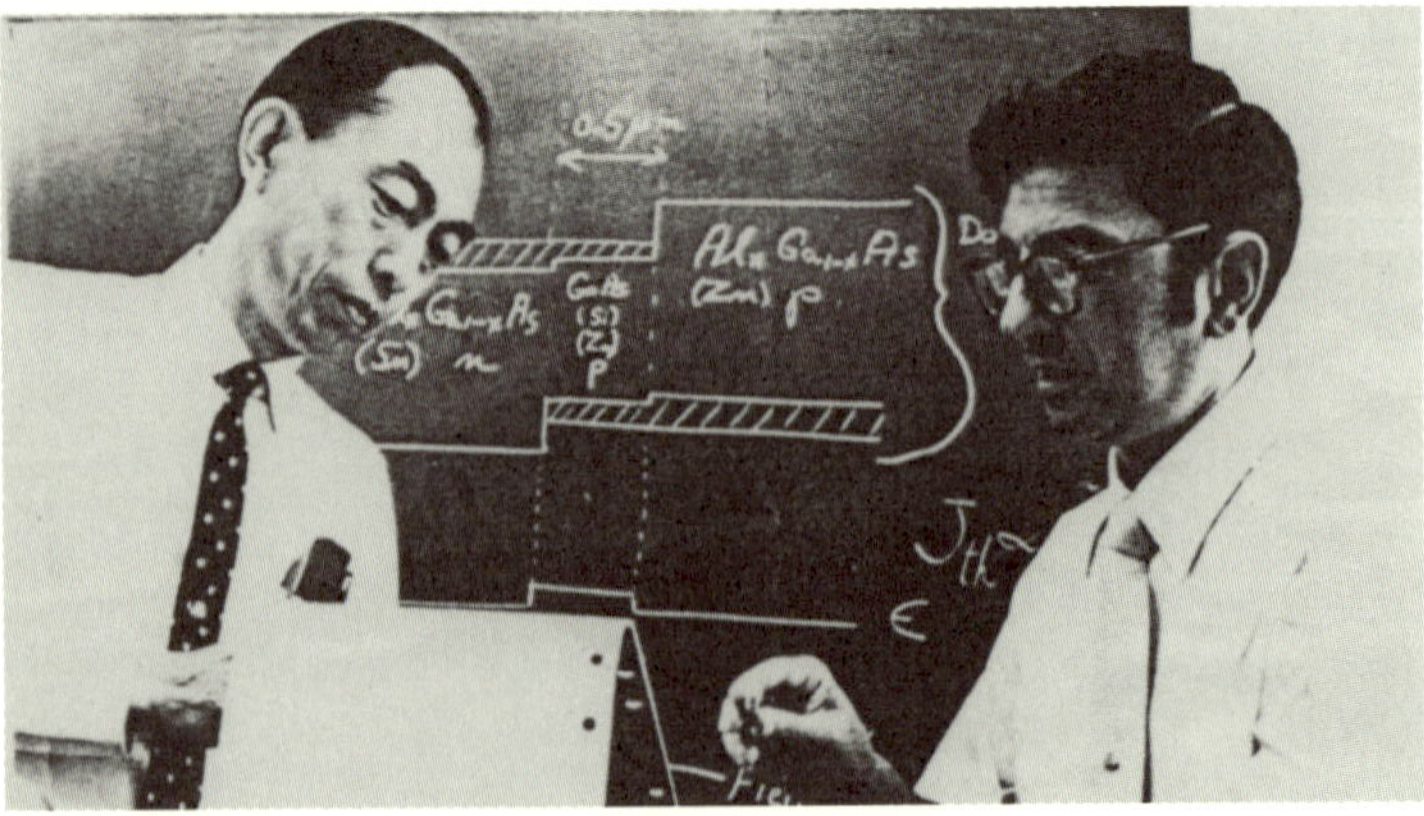

写真6　ベル研で室温連続発振を達成した直後の林（左）とパニッシュ（右）
（1970年9月4日付　ベル研社内報から）

マイナスという順方向の電圧を加える。すると n領域の電子はプラスの電圧に引っ張られ、p領域にどんどん飛び込んでいき、p領域からはホール（正孔）がn領域へと引きつけられる。

n領域と接したp領域の境目付近で、p領域に進入した電子がp領域のホールとぶつかると、そこで光をだす。光の波長はその半導体のバンドギャップ〔後述〕で決まる。

発光ダイオードはこの原理に基づいており、発光効率を別にすれば、pn接合による発光は比較的簡単に実現できる。

発光ダイオードでは、光はいろいろな方向に出ることになるが、接合面の両端に反射鏡を付けておくと、鏡に直進した光は跳ね返され、反射鏡の間を行ったり来たりする。その過程で、まだ光っていない分子を誘導して光らせながら数を増し、ある程度大きくなると吸収損失を上回り、光が連続して発振することになり、レー

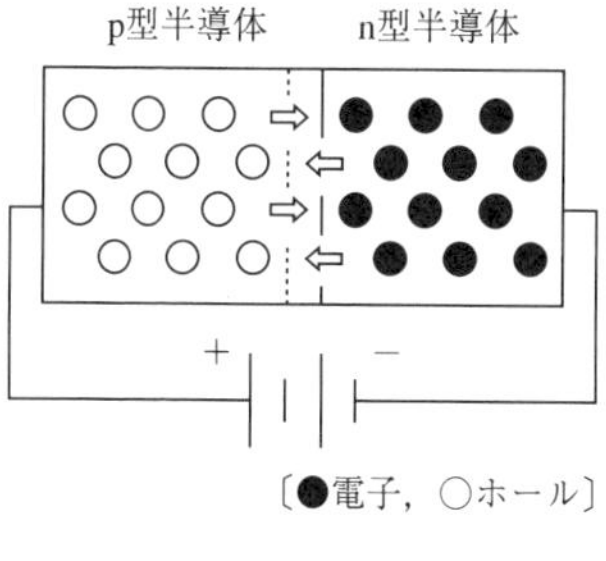

〔半導体のpn接合による発光〕
半導体の材料を選ぶと，注入された電子とホールとが再結合する際，発光する。

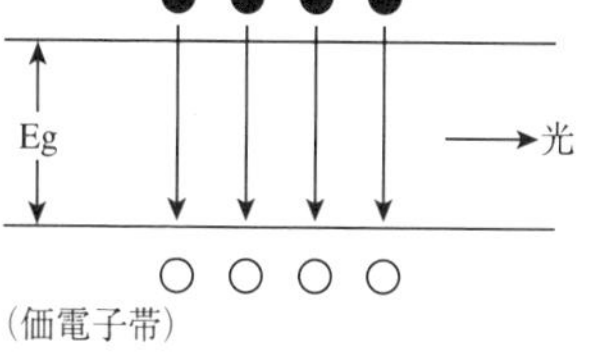

〔エネルギーバンド構造からの説明〕
pn接合に順方向電圧を加えると，電子はエネルギーを得て伝導体に上がる。伝導体と価電子帯の間を禁制帯とよび，2つのバンド間のエネルギー差(Eg)をエネルギーギャップという。伝導帯に上がった電子が価電子帯に落ちて，ホールと再結合する際，光を発生する。光の波長はその半導体のエネルギーギャップによって決まる。

図7　pn接合と発光のしくみ

ザが発生するのだ。

レーザ発振した光は、もとの光と同じ波長で位相のそろった正弦波だ。発振は低い温度では起こりやすいが、常温付近では起こりにくい。室温では電流を低温時の数十倍から百倍近くまで流さないと、レーザ発振しないことがネックとなって、実用化には遠かったのである。

それは、n領域からp領域に入る電子がホールと再結合する際、温度が高いと電子の動きが活発になり、再結合までに時間がかかり、結果的に結合領域が広がることにあった。このため、発光した光が拡散し、密度が薄くなって、誘導放出が起こりにくくなるのであった。

室温では、非常に大きな電流を流さないと、レーザ発振しなく、そこで大電流を流すと、温度が急激に上がることから、ごく短い時間の発振で過熱してしまい、発振が止まるという状態であった。だから最初のレーザ発振は、絶対温度で七七Kという低温下で、しかも間欠的なパルス発振であったのだ。

林は研究を開始してからしばらくして、pn接合レーザを作ってみたが、やはり大きな温度係数があって、そう簡単に室温発振はできないことがわかった。そこで、n領域からp領域に入った電子が、再結合までにかかる時間を短くできないか、あるいは拡散することを止められないか、といろいろ推論を重ねた。

そこで考えられたのは、個々の半導体が持っているエネルギーギャップの違いを利用することであった。半導体の動作状態を説明するのにバンド理論というのがある。半導体の中で、電子やホールのエネルギー状態を帯構造で示す図だ。

バンド理論によれば、電子が自由に動ける状態を伝導帯、自由に動けない状態を価電子帯と分けている。半導体では伝導帯と価電子帯との間は離れており、このギャップを禁制帯という。禁制帯の幅は、伝導帯と価電子帯との間の電位差であり、この電位差をエネルギーギャップあるいはバンドギャップと呼んでいる。このエネルギーギャップは個々の半導体で異なる。

ここでｐ型の半導体とｎ型の半導体をくっつけて、そのｐｎ接合に電圧をかけて動作状態にした時、二つの半導体の接合面でのエネルギーギャップが変化する。その様子がはっきりエネルギーバンドの構造図で表示できる。

このバンドギャップが小さいと、電子やホールというキャリアはｐｎ接合をすいすいと通り抜け、逆にバンドギャップが大きいと、簡単に通り抜けることはできない。つまり、バンドギャップの差がハードルの高さになって、キャリアの動きを左右しているのだ。

林は、シリコンを混入したガリウムひ素が大きなエネルギーギャップをもつことから、このルミネッセンスの特性に興味をもった。このような研究を続けるうちに、半導体レーザの発振電流を低くするには、活性層（発光領域）に電子とホールを効率的に集めること、それにはエネルギーギャップの差を使うことだと考えるようになった。

■暗中模索の中での発見

しかし、それで道が開けたわけではなかった。実際のところ二人はこの先、どう進んでよいのか分からなかったのだ。暗中模索という言葉が正にぴったりの状態だった。

ほぼ一年が過ぎた一九六七年六月、林とパニッシュはカリフォルニア大学サンタバーバラ校で開かれたSSDRC（ソリッドステートデバイス・リサーチカンファレンス）に出席した。

そこでIBMワトソン研究所のルプレヒトが、ガリウムひ素（GaAs）の結晶のうち、ガリウムの一部をアルミニウムで置き換え、アルミ・ガリウムひ素（AlGaAs）とガリウムひ素のpn接合で発光波長の短い、効率の良い発光ダイオードを作ったという報告をした。

実はこの実験が、室温連続発振に結びつく重要なポイントになるのだが、この時林はその重要性に気づいていなかった。ほぼ同じ時期、当時三菱電機の須崎渉らもアルミ・ガリウムひ素とガリウムひ素との組み合わせで、発光効率のよいダイオードを作っていた。

パニッシュは結晶成長に興味を持っていたから、ベル研に戻ると実際にガリウムひ素の結晶の上に、一部アルミニウムを混ぜたアルミ・ガリウムひ素を薄く成長させてみた。林はこの結晶のフォトルミネッセンスを、ヘリウム・ネオンガスレーザをあてながら観測した。

この時の様子がこの章の冒頭に書いた林の驚きであった。

林は、たまたまパニッシュの作ったガリウムひ素とアルミ・ガリウムひ素の組み合わせによる混晶のルミネッセンスが、どのようなものかと覗いてみたのである。そうしたら、通常のルミネッセンスの一〇倍ほどの強い光が目に飛び込んできたのであった。

測定で発光をうながすために照射するヘリウム・ネオンレーザを、ガリウムひ素の上に薄く成長させたアルミ・ガリウムひ素にあてると、アルミ・ガリウムひ素の層を通して、ガリウムひ素の部分から、非常に明るい光が出ているのだ。その光は通常の一〇倍は強かった。

しかも、アルミ・ガリウムひ素の薄い層が被っていない部分からは強い光は出ないのだ。これは正に発見であった。林は強い衝撃を受けた。次の瞬間、この接合をいまやっている半導体レーザの実験に使えば、高い温度でもうまく動作するのではないかと考えた。

偶然に出会ったガリウムひ素とアルミ・ガリウムひ素のヘテロ接合〔後述〕による強い光を観測したことで、林は室温で連続発振する半導体レーザが、もしかしたら実現できるのではないかと直感したのである。これを徹底的に追求してみようと決意したのであった。

どうやら光が効率良く出ているのは、バンドギャップの違うガリウムひ素とアルミ・ガリウムひ素との接合によるものと思われた。発光領域のガリウムひ素の中に入ってきた電子が、バンドギャップの高いアルミ・ガリウムひ素の壁ではね返され、ガリウムひ素内に留まるのだ。したがって、電子は拡散しないで、ホールとの再結合が効率よく行われるということだった。

種類の異なる化合物半導体によるヘテロ接合の効果であった。しかも、その接合面は欠陥が少なく、きれいであったから、ガリウムひ素とアルミ・ガリウムひ素との境目にはっきりと、エネルギーギャップのステップができて、ヘテロ接合が理想的に働いているのだと林は考えた。

光が出やすいということで使われだしたガリウムひ素であったが、実際にはその表面は格子欠陥（転位）〔注〕だらけであった。欠陥を減らしていかないと、発光効率は上がらない。林はそれまでは、欠陥のないヘテロ接合は存在しないのではないかと考えていた。

どのようなヘテロ構造も、注入されたキャリアを駄目にするという、インタフェースの欠陥があった。だが、ガリウムひ素の上にアルミ・ガリウムひ素をのせると、非常にきれいなインタフェースができるのだ。それが驚きであった。

理論的には一九六三年、当時バリアン社にいたハーバード・クレーマー（現・カリフォルニア大学サンタバーバラ校教授）が、ヘテロ接合にすれば、発光効率の良い半導体レーザが得られることを提案していた。

〔注〕　結晶の格子欠陥（転位）
結晶は分子（原子）の集まりでできている。その構造は原子を中心にジャングルジムのように格子状になっている。ジャングルジムの鉄の棒の交点に原子があるという形だ。結晶が完全であれば、原子は規則正しく配列されているが、何らかの原因で原子が抜けていたり、余分な原子が入り込んでいたり、また原子同士の結合が切れていたりすると格子の配列に乱れを生じ、これが格子欠陥となる。

■理想的ヘテロとの出合い

ヘテロ接合とは種類の異なる化合物半導体の接合だ（図8参照）。

ガリウムひ素を使う場合は、一方のガリウムの一部をアルミニウムなどで置き換えたAlGaAs/GaAsの組み合わせになる。種類の異なる半導体は、エネルギーレベルでのバンドギャップが違うため、二つをくっつけると禁制帯の幅が広くなり、壁が高くなって電子が拡散しない。このため、ホールとの再結合がよくなり、効率良く発光する。

ただ、クレーマーがヘテロ接合を発表したときはそう注目されなかった。ヘテロ接合の組み合わせは難しく、きれいなヘテロ接合面はほとんど得られなかったからである。だから、半導体レーザの動作電流を下げるため、ヘテロ接合を使ってみようとする研究者はいなかった。

林らはガリウムひ素の基礎的な実験のなかで、偶然にも理想的なヘテロ接合に出合ったのである。クレーマーの提案を知らなかった

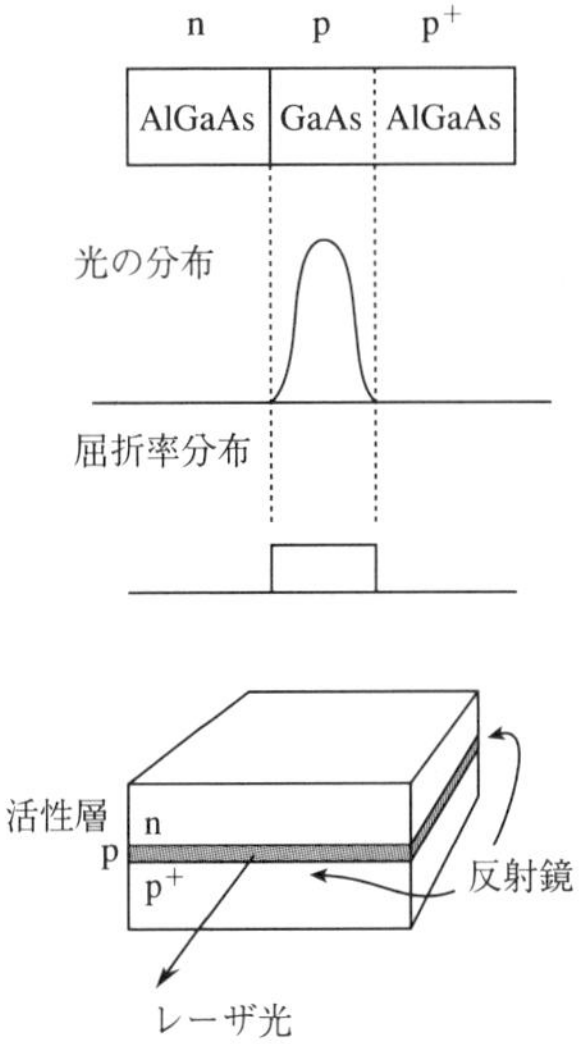

・ヘテロ接合とは，左図のように種類の異なる半導体（AlGaAsとGaAs）でのpn接合をいう。

・真ん中のGaAsが活性層（発光領域）で，この両側をAlGaAsで挟んでいる。これをダブルヘテロという。

・n領域からの活性層（GaAs）に流れ込む電子は，隣接するAlGaAsの壁に阻まれ，活性層に集まる。一方，p領域から活性層に流れるホールは，これも隣接するAlGaAsの壁に阻まれる。この結果，電子とホールは活性層に集中する。

・さらに，活性層（GaAs）は，両側のAlGaAsよりも光の屈折率が高いことから，発光した光は活性層の内部に閉じ込められる。

図8　ヘテロ接合

わけではない。クレーマーはヘテロ接合のメカニズムを説明し、原理的にバンドギャップがあるもので両側をおさえれば、よいレーザができるとだろうと説明していた。だが、林らはそれを真剣に受け取ってはいなかった。

半導体の結晶はそれほど簡単ではなく複雑だった。半導体の結晶をいじったことのある人は、結晶の中の欠陥に悩まされる。本当に欠陥のない結晶ができるのか、これが問題であった。

半導体のｐｎ接合で結晶に欠陥があると、注入された電子とホールが再結合しても、発光することなく、欠陥のところで熱になって結晶内で吸収されてしまう。

だから、効率のよい発光をさせるには、格子欠陥の少ない結晶を作る必要があった。異なった種類の化合物半導体を接合して、発光ダイオードを作るには、二つの結晶の格子定数〔注〕の間で整合がとれていることが望まれた。

結晶構造で原子同士を結ぶ結合が切れていたり、不純物が入っていたりすると、そこで光は吸収されてしまうのだ。ところが、ガリウムひ素とアルミ・ガリウムひ素とは、自動的に格子整合がとれる唯一の組み合わせで、理想的なヘテロ接合だったのだ。

一九六七年一一月二九日と三〇日、最初の半導体レーザ国際会議が米国ネバダ州のラスベガスで開催された。

この会議で三菱電機の須崎渉とＩＢＭのルプレヒトは、ガリウムひ素（GaAs）の上に成長させたアルミ・ガリウムひ素（AlGaAs）による可視光レーザを発表し、反響を呼んだ。

さらにルプレヒトらは、いま述べたようにGaAsと$Al_xGa_{1-x}As$（ｘはガリウムに置き換えるアルミニウムの比率）の接合は、xのいかんにかかわらずいつも格子整合がとれていることを報告した。これは実に重要なことであった。格子整合がとれて、欠陥の少ないヘテロ接合を作ることは至難であったからだ。

林は須崎の報告を聞いた後、ホテルに須崎を訪ねた。須崎とは初対面であったがいろいろ話し込んだ。林は二か月前に出合った強い光と須崎やルプレヒトの報告を聞いて、研究の目標をしぼり込んでいく手掛かりを掴んだと思った。

パニッシュもまたこの会議で強い刺激を受けていた。ルプレヒトがＬＰＥ（液相エピタキシャル）法で、アルミ・ガリウムひ素のホモ構造の薄い層を成長させたこと、さらに格子定数が自動的に整合がとれるという報告に衝撃を受けた。パニッシュはルプレヒトのコメントを自分の仕事に反映させようと心に決めたようだった。会議から帰ると、より一層精力的に研究に打ち込んでいった。

〔注〕

格子定数

物質を構成する分子の結晶構造は、原子が格子状に組み合わされ、規則的に配列されている。原子は格子状の交点に位置し、原子と原子を結ぶ稜線の長さ、稜線と稜線との間の角度などは、その物質によって決まっている。これを格子定数という。異なった結晶同士を結合した場合、格子定数が合わないと、それが原因で格子欠陥を生じる。

■シングルヘテロからダブルヘテロへ

ラスベガスでの会議の後、各地でシングルヘテロ（SH）接合による半導体レーザの研究が始まった。林らもシングルヘテロの実験に入った。シングルヘテロ接合は、ガリウムひ素のpn接合でp領域のすぐ後ろにアルミ・ガリウムひ素をつけた構造であった。実験を始めたが、思うように発振開始電流値は下がらなく、一年近くが経った。

いろいろ条件を変えて実験を繰り返していた一九六八年の暮れであった。pn接合とヘテロ接合の間の距離を狭めていけば、発振開始電流は減少していくが、ある値以下になると逆に電流は増加することが分かってきた。

このとき林は「（この電流増加は）n層にホールが注入されていることで起きる」とノートに記している。p層からn層にホールが注入されるが、接合の間隔が狭くなると、ホールが電子と再結合しないで、拡散してしまうのだ。したがって、ホールについても拡散防止の壁が必要だということに気がついた。

シングルヘテロ接合でp領域のガリウムひ素の幅を狭くしていけば、発振開始電流値を下げていくことができるが、それには限界があったのだ。そこでn領域側もヘテロ構造にしたらどうかと考えた。活性層を二つのヘテロ接合で挟むダブルヘテロの考えであった。

このようにすると、活性層（発光領域）に注入された電子とホールは、両側のヘテロの壁で挟まれて、活性層の中に閉じ込められた状態になる。この状態で活性層のガリウムひ素の幅を狭くしていくと、発振開始電流はどんどん下がることが分かった。

さらに、両側の壁となっているアルミ・ガリウムひ素の屈折率は、その間に挟まれた活性層のガリウムひ素の屈折率よりも低いため、発光した光は両側のへテロ面で全反射されて、活性層に集中し、アルミ・ガリウムひ素側に洩れることがない。発光した光を拡散させることなく、効率的に閉じ込める効果があった。

つまり、ダブルへテロ構造は、両側を堤防でガードした川のようなものだ。活性層が川の流れで、両側の堤防がへテロ構造という具合になる。

一九六九年に入った一月末、林らは最初のダブルへテロ構造の実験を行った。だが、このダブルへテロ接合は、作り方が非常に難しかったのだ。

ダブルへテロ接合のウエハーづくりは、たいへんにデリケートな作業であった。不純物が入ると、そこでバンドギャップに乱れが生じる。ダブルへテロの作製はテクニカルアート（職人技）であるともいわれた。

そのうえパニッシュは、ダブルへテロの三つの層を成長させるには、ウエハーを急速に動かすスライデングボートという技術を考えだした。これを十分に使いこなすには時間がかかったが、いくどか手を加え、形を変えて実験を繰り返した。スライデング・ボートの技術は、現在もダブルへテロ構造レーザのプリミティブな製法として残っている。

ダブルへテロ接合のウエハーづくりを担当したのが、実験アシスタントのS・サムスキーであった。

パニッシュとサムスキーが小さなオーブンの中で、ウエハーを乗せた小さなボートを動かし、サブミクロンという単位の三層構造を成長させていくのは驚きであった。二人は一〇〇〇枚という数のウエハーを作って、実験を繰り返した。

ところが、この困難な壁に挑戦し、すでにこれをクリアしていた人物がいた。

一九六八年、旧ソビエト・ヨッフェ物理技術研究所のアルフェロフが、ダブルヘテロ接合を作ることに成功していた。しかも、後になって分かったことだが、アルフェロフはクレーマーとほぼ同じ時期、ヘテロ接合を独自に考案し、特許まで取得していた。

そのアルフェロフが一九六九年九月、ベル研の林の研究室を訪ねてきた。アメリカで開催されるガリウムひ素シンポジウムに出席するのが目的のようだったが、会議の前にベル研を訪れたと思われる。だが、詳細は不明であった。

この時、アルフェロフは林らとの懇談の中で、自分たちはすでに室温パルス動作で、一平方センチメートルあたり四・三キロアンペアの発振開始電流を達成したと語った。林はこの話を聞き、室温での連続発振は競争だと思った。目の前に半歩ほど先をいく競争者がいたのだ。林らは負けられないと思った。

林たちが室温でのパルス動作で、一平方センチメートルあたり三・〇キロアンペアを達成したのは翌年（一九七〇年）の四月であった。室温での連続発振達成は目の前に迫った。だが、ちょうどその頃、競争相手は連続発振のゴールを切っていた。

■ついに室温連続発振を達成

林とアシスタントのフィリップ・フォイは、放熱体（ヒートシンク）法を使って、パニッシュらが作ったウエハーでレーザの連続発振の実験に入った。ヒートシンクの技術を教えてくれたのは、ガリウムひ素のホモ接合レーザで、連続発振の研究をしていたJ・C・ダイメントであった。

ヒートシンクとは、半導体レーザの結晶（チップ）から出る熱を逃がしてやるための放熱板のことで、このヒートシンクにウエハーのチップの基板をしっかり取り付ける。

ウエハーを何度も作り替え、その都度チップの冷却温度を上げたり下げたりして、連続発振を試みていた。実験を繰り返していたある日、ヒートシンクの温度を表示するメータがプラス方向に振れているのに気づき、メーターの切り替えスイッチをマイナスからプラスに切り替えたところ、温度計の針が二七三Kを通り過ぎて、プラス方向に振れたのである。

ついにダブルヘテロ構造の半導体レーザの室温連続発振に成功したのだ。

フォイが〝歴史的な瞬間だ〟と言った言葉が林の耳に残った。

一九七〇年六月一日、この日はアメリカでは戦没将兵記念日になっていた。

林らは別のウエハーで作ったダイオードで追試を試みた。その時、実験室の室温は摂氏二四度であった。実験に入ってすぐ、一平方センチメートルあたり二・五キロアンペアに相当する〇・八アンペアの直流電流でレーザが連続発振した。林らは赤外線用顕微鏡とスペクトル測定器で明るいスポットを観測し、確認した。

聞きつけて集まってきた同僚たちへのデモのため、何回かスペクトルの観測をし、温度を三八度まで上げてみたが大丈夫であった。発振はおよそ二〇分はつづいた。それを何回かやってみたが、安定した連続発振が得られたのは幸運であった。

研究を始めてから三年が経っていた。

ガリウムひ素のルミネッセンスを観測しながら、どうしたら手掛かりがつかめるかと暗中模索していた一年、ホモ接合から始めてシングルヘテロで一年半ほど時間を費やし、ダブルヘテロで半年ほどであった。シングルヘテロの段階でいろいろ苦労しながら実験したことが、ダブルヘテロの実験で生き、成功へと導いたのである。

ほぼ同じ時期、室温連続発振に挑戦していた研究グループで、当時明らかになっていたのは、ベル研の林らを含めて五つほどあった。

前出のソ連レニングラード・ヨッフェ物理技術研究所のアルフェロフのグループ、米国ニュージャージー州・プリンストンのRCA研究所のクレッセルらのグループ、イギリスSTLのグループ、そして日本電気・中央研究所の南日康夫らのグループであった。

これらのグループは、ヨッフェ物理技術研究所（三月）、ベル研（六月）、イギリスのSTL（九月）、日電中央研究所（一〇月）の順で室温連続発振につぎつぎに成功した。僅か半年の間に四グループがゴールするという熾烈な競争であった。

当時は米ソ冷戦の直中で、ソビエトからの情報は公式にはほとんど入らなかった。前述したように、ソビエトの研究成果が西側に公表されるのは、ほぼ一年経って、論文の英訳誌が出てからであった。したがって、当初はベル研の林・パニッシュ組が、世界で最初に室温連続発振を達成したものとして喧伝された。

一九七一年の『電子材料』二月号に、前年の秋、日本で最初に室温連続発振にゴールした、日本電気中央研究所の南日康夫と米津宏雄の連名による解説記事が載っている。その中で「……八月、BTLの林らは……世界最初の室温連続発振達成……。また詳細は不明であるが、ソ連も室温連続発振に成功しているといわれている」との記述がある。この時点では、すでにアルフェロフの論文が載ったソビエトの物理学会誌は刊行されていたが、日本ではほとんど知られていなかったということになる。

当時アメリカでは、GEのホロニャックをはじめ、ロシア出身の半導体研究者が結構働いていたことから、実際にはソビエトの情報も入っていたと思われるが、そのディテールについては分からなかったようだ。

室温連続発振の結末は、三〇年後に幕が閉じられることになった。

■先行していたアルフェロフ

二〇〇〇年一〇月一〇日、スウェーデンの王立科学アカデミーは、二〇〇〇年度のノーベル物理学賞をアメリカのジャック・キルビーとハーバード・クレーマー、ロシアのジョレス・アルフェロフの三人に与えると発表した。

翌日の朝日新聞夕刊には、このニュースの詳報として、「情報通信社会の基盤を築く」との見出しで、受賞者三人の業績をほぼ次のように紹介した。

――キルビーは一九五八年、一つの半導体基板上にトランジスタ、抵抗、コンデンサーを組み込んだ集積回路（IC）の概念を提唱し、最初の固体回路を実現した。集積回路はいまや社会のいたるところにまで浸透し、情報通信の核となっている。クレーマーは一九六三年、半導体レーザの室温での連続発振実現の鍵となったヘテロ接合を提案した。二種類の半導体を組み合わせると性能が画期的に向上するという予測であった。アルフェロフは一九六九年、このヘテロ接合を使って、最初に半導体レーザの開発に成功した――

記事の最後のほうに林の談話が載っていた。

「ヘテロ構造がなぜ性能がいいのか、法則性を見いだしたのはわれわれだ。しかし、実際につくれることを示したのは彼らのほうが早かった」

短い談話であったが、「法則性」という言葉が使われていた。ヘテロ構造の仕組み、あるいはメカニズム、または動作の理論付けということであったのであろう。

筆者は林を訪ねた。林の自宅は、新興住宅街が立ち並ぶ、東京郊外にあった。一九七一年秋、アメリカから帰国した後、移り住んだところで、閑静な住宅街のなか、駅から歩いて五、六分ほどにあった。

林は日本に帰国してからは、日本電気の中央研究所に九年、その後通産省の大型プロジェクトの発足で、筑波にある光技術共同研究所に移り、一九八七年からはそこの所長を務め、一九九四年に退職。

現在はやはり光技術関係での研究会合、執筆そして時々頼まれる講演という日々であった。

林は記者の質問に答えた際、「法則性」という言葉を使ったことは覚えていなく、なぜヘテロ構造にすると性能が良くなるか、その仕組みについて説明したという。

ここでいう法則性とは、クレーマーが提案したヘテロ構造を導入すると、強く発光した光を狭いところに集中させて、レーザ発振が効率的にできるということを、林らが実験を通して実証し、その理論的メカニズムを明確にしたという意味である。

話がノーベル賞のことに及ぶと、アルフェロフがヘテロ接合の特許を取っていたこと、「それが決め手になったようだ」と述べた。

林のベル研での研究経緯を知る多くの関係者は、林らが研究成果を適時発表し、室温連続発振を達成したニュースもいち早く報道されたことから、林がなぜノーベル賞の選考にもれたのか、その理由がはっきり理解できないでいた。

室温連続発振を達成した論文の投稿は、アルフェロフが五月、林らは八月であった。アルフェロフのほうが早かったのは確かであったが、アルフェロフはクレーマーとほぼ同じ時期にヘテロ接合を考案し、しかも特許を取っていたということが決め手になったという。このことは専門家でも知っている人は少なかったようだ。

林が室温連続発振の研究に入ったのは、たまたまガリウムひ素とアルミ・ガリウムひ素の混晶ルミネッセンスを観測した時、通常の一〇倍ほどの強い光を見たからであった。これが使えるのではないかという直感が発端であった。それがヘテロ接合へと発展し、ついにダブルヘテロへとたどり着いていったのだ。

クレーマーの提唱したことを実現しようとして出発したのではなかった。ヘテロ接合の提案は知っていたが、それを可能にするヘテロの組み合せは得られないと考えていた。

だが、偶然にも強い光に出合って、もしかしたら、これを使えば実現できるかも知れないと考えた。それを糸口にして実験をくり返し、ダブルヘテロまで到達したという意味で、林らの研究は独創的であった。相棒の優れた化学的センスと高度な製法技術を生かすことで、一つ一つの壁を乗り越え、室温連続発振へと近づいていったのである。


居間でお話を伺っている間、チチチチ、チチチチという小鳥の囀りが聞こえた。

ふと庭先を見ると、垣根のようになっている植え込みの枝木に七、八羽ほどの雀が群がり、その前の芝生におかれたエサの入った缶との間を飛び交いながら、盛んにエサをつつき合っているのが目に入った。

この辺は小鳥などがよく飛来するので、空き缶に手を加えて吊るし、その中にエサを入れておいたら、いつの間にか十羽近くの雀が集まるようになり、お互いにじゃれ合いながら、エサをつつくようになったという。

ノーベル賞は取り損なったが、林には二〇〇一年度の京都賞が舞い込んだ。

財団法人稲盛財団は、二〇〇一年度の京都賞の先端技術部門でエレクトロニクスの分野から、「半導体レーザの室温連続動作を達成し、光エレクトロニクスへの実用化の道を拓いた」として、アルフェロフ、林、パニッシュの三人に与えると発表した。

受賞式が行われる二、三日前、ある新聞に「専門家の間では、この賞のほうが二〇〇〇年度のノーベル物理学賞よりも意味がある、と受けとめられている」というコメントの付いた記事が載った。ちょっと気になる記事であった。

半導体レーザの室温連続発振達成については、トップでゴールしたアルフェロフも二番手になった林・パニッシュ組みも、それぞれが独自に研究して到達した結果であった。

独自に研究を進め、僅差でゴールした場合、両者に賞を与えるというケースがある。

例えば、メーザの発明に対し、一九六四年、アメリカのタウンズ、ソビエトのバソフとプロホロフの三人にノーベル物理学賞が与えられた。論文の発表でタウンズのほうが早かったが、バソフとプロホロフもほぼ同時期にメーザを発明していた。冷戦時代の一九五四年のことだ。

今回のケースでは、室温連続発振に一番先にゴールし、しかもヘテロ接合も考案していたということで、まずアルフェロフが決まったと考えられる。そして、もう一人は室温連続発振の鍵になったヘテロ接合を理論的に考案したクレーマーが選ばれた。

僅かな差でトップにはなれなかったが、独自に進めていた研究ということでメーザ発明での授賞例から、林・パニッシュ組も可能性はあったとみるべきだろう。仮に二〇〇〇年度のノーベル物理学賞が、半導体レーザの室温連続発振達成だけを対象にした授賞ならば、あるいは京都賞のような組み合わせが考えられたかも知れない。

いずれにしても、ノーベル賞の重要な選考基準として、一番手ということが最優先されるということを、改めて印象づけた結果であった。

ちなみに、アルフェロフがヘテロ接合を考案したのは、一九六三年、旧ソビエト・レニングラード（現在のサンクトペテルブルグ）のヨッフェ物理技術研究所の技師であった時だ。現在、アルフェロフは同研究所の所長を務め、ロシア工学アカデミーの副会長でもある。一九三〇年生まれだから、いまは七三歳である。

■大魚を逃がした人たち

発明・発見には運、不運がある。

林は室温連続発振の成功について、率直にラッキーであったと述懐している。

一方、三菱電機の須崎やＩＢＭのルプレヒトは、当時半導体レーザの研究で世界のトップを走っていたが、自分の意志とは別に研究を中断せざるを得なかったという意味で、アンラッキーであった。

三菱電機では一九六三年の初めごろから、入社二年目の若手を中心に半導体レーザの研究を始めていた。須崎渉（現・大阪電気通信大学教授）もそのなかの一人であった。

須崎は一九六一年、京都大学の電子工学科を卒業後三菱電機に入社し、前の年にできたばかりの半導体工場（伊丹市）の研究所分室（ＬＳＩ研究所の前身）に配属された。

戦後、ひとまず日本経済が復興し、これからは独自の技術開発の時代だと、各企業が自前の研究所を設立して、自主技術開発の体制づくりを始めた時期であった。

そのころ半導体の分野では、シリコンによるＩＣの研究開発が主体であったが、発光しやすいという理由で、ガリウムひ素も研究対象に取り上げられ始めていた。

須崎らはガリウムひ素を使ってｐｎ接合を作り、いろいろ実験を繰り返した。

だが、発振開始電流密度は、一平方センチメートルあたり三〇キロアンペアが限界ということがわかった。これが一九六七年初めごろで、これ以上下げるには新たなブレークスルーが必要だった。

このような時期にアルミ・ガリウムひ素（AlGaAs）が登場してきた。

ガリウムひ素にアルミニウムを混入した化合物半導体を最初に考えたのは、米国ＧＴＥ社のブラックとクーの二人であった。一九六六年、二人はガリウムひ素の上に気相成長法で、エネルギーギャップの大きいアルミ・ガリウムひ素（AlGaAs）のエピタキシャル結晶を作り、これを使った発光ダイオードを発表した。

この論文にいち早く注目した須崎らは、自分たちが実験していたガリウムひ素の経験から、すぐにアルミ・ガリウムひ素とガリウムひ素（AlGaAs/GaAs）のｐｎ接合の実験に入った。

クレーマーによるヘテロ接合の提案はあったが、それまでは須崎らも格子整合にずれのあるヘテロ接合では、きれいなｐｎ接合はできないと考えていた。格子整合のとれるAlGaAs/GaAsならば、うまくいくのではと考えて取り組んだのである。すでに述べたが、この時期、ＩＢＭのルプレヒトらもアルミ・ガリウムひ素を使った発光ダイオードの研究に入っていた。

その年の九月、須崎らはアルミ・ガリウムひ素を使って、半導体レーザの室温パルス発振に世界で最初に成功した。林らがガリウムひ素の上にアルミ・ガリウムひ素を成長させた混晶のルミネッセンスから強い光を観測し、半導体レーザの動作電流を下げるにはこれだと直感したのも、一九六七年の一〇月であった。

すでに述べたが一九六七年一一月末、ラスベガスで第一回半導体レーザ国際会議が開催された。参加者はおよそ七〇名で、日本からは東北大の西澤潤一教授と三菱電機の須崎の二人が出席した。当時米国に滞在していた東工大の末松安晴助教授（後に東工大学長）、スタンフォードにいた日電中央研の南日康夫、そしてベル研にいた林厳雄らが参加していた。

須崎はこの会議に、ガリウムひ素レーザのしきい電流（レーザ発振開始電流）の限界について示唆した論文を提出し、受理されていた。

さらに、プログラムにはなかったが、西澤教授の助力で、赤色可視領域で光るアルミ・ガリウムひ素の発光ダイオードと、九月に達成したアルミニウムの組成を多くしたAlGaAs/GaAsによる波長〇・七八マイクロメートルの半導体レーザの室温パルス発振について、最新の結果を口頭で発表する機会を得た。

ＩＢＭのルプレヒトもアルミ・ガリウムひ素を使ったレーザを発表したが、発振は液体窒素温度であった。室温で達成した須崎のほうが多くの質問を受け、反響が大きかった。

須崎の発表は、アルミ・ガリウムひ素を使うことで、半導体レーザの動作電流を大幅に下げることができることを示唆していた。出席者の多くがバンドギャップの大きいAlGaAs/GaAsヘテロ接合を使えば、室温連続発振が実現できるのではないかと感じとったのだ。

この時点で、須崎らはベル研よりも一歩も二歩も先をいっていたことになる。

この時の様子を須崎は、「当社の発表は、レーザの室温発振を困難にしている壁を打ち破るには、$^{+}$P層にアルミ・ガリウム・ひ素を用いると吸収損失を小さくでき、大幅にしきい電流を低減することを示唆していた。出席者が興味をもち、多くの詳しい質問を受けた」（『日本工業新聞』一九八七年九月二八日付）と記している。

須崎らの論文は、その後、最初に室温連続発振に成功したヨッフェ研究所のアルフェロフ、連続発振実現に貢献したＲＣＡのクラッセル、ベル研のパニッシュらの論文に引用された。

三菱電機の須崎やＩＢＭのルプレヒトは、室温連続発振半導体レーザの研究で、世界のトップを走っていた。会議の後、すでに述べたように林は須崎を訪ね、ディスカッションを行ったという。

会議が終わると須崎は、ベル研やＩＢＭを訪れた。

ＩＢＭのワトソン研究所では、ルプレヒトがわざわざ会いにきてくれたが、彼は半導体レーザ会議の後、管理部門に異動になり、研究を続行できなくなってしょんぼりしていた。

ベル研では、パニッシュが自分で考案して作った、液相成長に使うスライド式の成長ボートをこっそり見せてくれた。「帰ったらお前も忙しくなるな」と言った。競争相手とみて、エールを送ってくれたのであろうか。

そのほか、ＲＣＡ、ＭＩＴ、スタンフォード大学を訪問。スタンフォードには南日が滞在中であった。また、会議の終わった後、ＴＩ（テキサス・インスツルメンツ）の研究所長から誘われ、ダラスのＴＩ社を訪ねるなど、須崎にとっては最も充実した時期であった。

だが、帰国すると、大変なことになっていた。

会社では、発光ダイオードを事業化することに決め、半導体レーザの研究は中止になっていた。研究成果をすぐに事業化できないものは中止するというのが理由であった。君も発光ダイオードの事業化に専心せよという命令であった。

須崎は驚いた。「事前に何も知らされていなかったので非常に残念だ、言葉にならなかった」と当時の心境を記している。当時、須崎はまだ三〇歳という若さであった。

研究を中断した須崎らは、この時点で進展つづける半導体レーザ研究のトップの座を明け渡したことになる。三菱電機が半導体レーザの研究を再開するのは、アルフェロフや林らが室温連続発振を達成した翌年、一九七一年からであった。

■南日グループの挑戦

日本で半導体レーザの室温連続発振へ挑戦していたのは、日本電気㈱中央研究所の南日康夫グループであった。南日らはベル研に遅れること数ヵ月余りでゴールした。

南日（後に筑波大学副学長から現在は富山県新世紀産業機構科学技術コーディネータ）が半導体レーザの研究に入ったのは、一九六三年という比較的に早い時期だった。

一九五六（昭和三一）年、南日は日本電気に入社し、中央研究所に配属された。そこで、ゲルマニウムやシリコンという半導体の研究に携わった。

入社早々、着手した研究で短波ラジオ用の高周波トランジスタを開発し、それが大当たりでよく売れたことから、そのご褒美に南日はスタンフォード大学に一年間留学することになった。一九六〇年に渡米し、スタンフォードではモル教授の下でシリコンの結晶成長を手がける。スタンフォードではまだ誰も手をつけていない分野であった。

帰国してからも、シリコンのエピタキシャル結晶成長の研究をつづけたりしていたが、日本電気ではそのころから、早くもガリウムひ素を使った研究を始めていた。

一九六二年の秋、低温下における半導体レーザのパルス発振が達成された後、室温連続発振の研究開発が世界の各地で始まった。南日は自分がやってきた研究の方向と、同じ研究所でルビーレーザやガスレーザの研究が行われていたことから、自然と半導体レーザの研究に入っていった。

南日にとってラッキーだったのは、実験アシスタントの佐久間勇と出会えたことであった。佐久間は実験感覚に非常に優れた人物だった。南日は佐久間と共にガリウムひ素半導体レーザの研究、実験を開始した。

アメリカの研究グループに追いつくことが当面の目標だったが、しばらくは落穂拾いに徹し、コツコツと実験を重ねた。当時、アメリカではベル研はまだ研究に着手してなく、ＲＣＡが先行していた。

南日らは一九六四年一一月、絶対温度七七Ｋでの連続発振に成功した。実験はさまざまな雑音が入らない夜のほうが集中できたので、南日と佐久間は二人で交替で徹夜し、実験した結果だった。この達成でひとまず米国のグループに追いついた。

ところが、国内外ともに七七Ｋでの連続発振が限界で、半導体レーザ研究はそれ以上の進展がなく停滞した。さらに前進するには何らかのブレークスルーが必要であった。

一九六七年一一月、ラスベガスでのレーザ国際会議で須崎の発表があって、ガリウムひ素とアルミ・ガリウムひ素によるヘテロ接合が急浮上し、停滞していた半導体レーザ研究が再び熱をおびるようになった。ヘテロ接合レーザの開発に火がついたのである。

一九六八年九月、二度目のスタンフォード滞在から帰国した南日は、半導体レーザ研究を再開した。南日がリーダーで佐久間が結晶成長を担当した。すぐに米津宏雄（現・豊橋技術科学大学教授）がチームに加わって、測定としきい電流の低減究明を担当するようになった。

翌年（一九六九年）の五月、六三回目の結晶成長で、南日らはようやくシングルヘテロレーザの発振に成功した。つづいてダブルヘテロの実験に入っていったが、熾烈な開発競争は予想よりも早くゴールが間近に迫っていた。

一九七〇年四月、ソビエトのアルフェロフらが室温連続発振を達成した。動作電流密度は一平方センチメートルあたり〇・九から一・〇キロアンペアであった。だが、これは後から分かったことで、その時は西側への公式情報は何もなかった。

アルフェロフらはこの研究論文を五月、ソビエトの物理学会誌に投稿、発刊は九月であった。その英訳誌は翌年の一九七一年三月に刊行された。一方、ベル研の林らは六月一日に連続発振を達成し、八月に論文を投稿すると共に正式発表した。九月には英国のSTLがゴールした。

南日グループも最後の追い込みに入った。

ダブルヘテロのエピタキシャル結晶成長は、二日に一個の割合でしか作れなかった。うまく作れたかどうかは測定してみなければ分からない。何回も何回も試行錯誤を繰り返し、その経験によって、徐々に最適な方向に近づいていくという方法であった。

一〇月一四日、佐久間は九三回目に成長させた結晶で、ついに連続発振を達成した。その日は夕方から一人で実験に入り、同僚たちが引き上げた後であった。

その翌日、米津や新しく実験スタッフに加わっていた小林功郎（現・東京工業大学精密工学研究所教授）らと再度確認の測定に入り、分光器で連続発振のスペクトルを確認した。

直流電流〇・八アンペア、温度摂氏二三度で波長〇・九五三マイクロメートルのきれいなスペクトルが観測された。一平方センチメートルあたりの電流密度は、一・五キロアンペアであった。連絡を受けた当時の中央研究所長の染谷勲や部長の植之原道行もかけつけていた。日本では南日グループがトップであった（**写真7**）。

写真7　室温連続発振へ挑戦中のころ
（左から佐久間，南日，米津，前列中央は染谷勲中央研究所長）

南日らは、この結果を一〇月二六日、ＪＪＡＰに投稿した。

連続発振とは直流電流を流し続けても、レーザ発振が続くことをいう。直流を流し続けると温度の上昇で発熱するが、その発熱に耐えて発振を続けるのだ。パルス発振では間欠的に電流を流した場合だけ、レーザ発振することをいう。

その後、南日らは半導体レーザの長寿命化の研究へと進んでいくが、これは半導体レーザの実用化の章でふれることにする。

第七章　半導体レーザの実用化にむけて

■実用化研究の開始

一九六二年の秋、半導体レーザのパルス発振が達成されると、今度は室温連続発振への挑戦が世界の各地で始まった。日本では一九六三年に入り、日本電気、三菱電機、日立、東芝、富士通といった大手電気メーカーが、次々に半導体レーザの研究開発に取り組み始めた。

だが、室温連続発振への壁は高く、研究の成果がなかなか上がらないこともあって、一九六〇年代後半には、半導体レーザの研究をストップした企業もでてきた。ところが、一九七〇年に室温連続発振が達成されると、研究を再開したメーカーやその他のメーカーも加わり、今度は半導体レーザの実用化に向けた研究開発が本格的に始まった。

半導体レーザの実用化に際し、当時、メーカーではその応用として光通信、光ディスク、プリンタの三つは考えたという。すべて当たったことになるが、当初は何に使うのか、ほとんど分からなかったというのが実情であったようだ。

光通信については、第一章でみたように一部の研究機関やメーカーで、レンズ列方式や空間伝送での実験が行われていたが、まだまだ基礎的な研究の段階で、光通信の具体化を真剣に考えようとするメーカーはなかった。一九六四年に東北大の西澤らによって、光ファイバ通信が提唱されると、一九六五年ごろから、大阪の工業技術試験所や日本板硝子で、GI型（集束型）光ファイバの研究が始まるという状況であった。

前出の伊藤良一は、メーカーの立場から光通信について、次のように回想している。

「一九六九年、日立の中央研究所では計算機用主メモリーを検討するプロジェクトが発足し、半導体レーザを励起光源とする話がもち上がった。当時半導体メモリーなど未だなく、誰も気づかなかった。一方、半導体レーザの研究が進んでいることは分かっていたが、光ファイバについてはほとんどなく、光通信など思いもよらなかった」（『光学』一九九五年八月号）。

当時、通信機器メーカー、エレクトロニクス関連企業において、光通信についての認識はほぼ似たような状況であったと思われる。ところが一九七〇年に入り、半導体レーザの室温連続発振の達成と低損失光ファイバが開発されたことで、状況は一変する。

光通信に向けた波が急速に押し寄せてきたのである。

コーニング社の開発した低損失光ファイバの出現は、光通信の可能性を強く印象づけ、その光源となる半導体レーザの実用化研究を促進することになった。この時期、日本の半導体技術はアメリカに学ぶという初期段階を脱却し、独自の技術を展開する力をつけはじめていた。

折しも、エレクトロニクスが急速に進展しだした一九五〇年代末から、一九六〇年代に学業を終えた若き研究者や技術者たちが、半導体産業に参入してきたのである。特筆されるのは、一九七〇年代というほぼ一〇年間で、現在の半導体レーザのほとんどの基礎技術が、電気メーカーを中心とする研究者、技術者によって確立されたことだ。

いま、半導体レーザは、コンパクトディスク（CD）、レーザプリンタ、バーコード読み取り機、光通信、医療などで広く使われ、我々の生活に不可欠な存在となった。

コンパクトディスク、プリンタなどでは〇・七八マイクロメートル〜〇・九〇マイクロメートルという短い波長のアルミ・ガリウムひ素（**AlGaAs**）レーザ、光通信用には一・三〇マイクロメートル〜一・五五マイクロメートルという長い波長のインジウム・ガリウムひ素・リン（**InGaAsP**）レーザが主に使われている。

動作電流が室温で数一〇ミリアンペア、出力五ミリワット、動作温度摂氏一〇〇度以下、寿命は一〇〇万時間以上にも達している。

■劣化の原因を求めて

半導体レーザの室温連続発振が達成されると、各国の多くの研究機関では、ダブルヘテロ半導体レーザの実用化研究に入った。だが、初期のヘテロ構造レーザは急速に劣化した。

この劣化問題が室温連続発振後の最大の課題となった。

ベル研が当初光通信に全力を投入しなかったのは、当時ミリ波導波管伝送の研究に集中しており、それを中止するにはあまりにもイナーシャが強かったこともあったが、半導体レーザの寿命が短かったことも大きな理由であった。

短期間にこの問題が解決されるとは思われない、というのがベル研の上層部の考えであった。半導体レーザを光ファイバ通信の光源とするには、数年間にわたって安定動作することが求められたからだ。

林とパニッシュは連続発振を達成した後、研究の焦点を劣化の問題に移した。ベル研内では急速な劣化の改善について、懐疑論が多くだされていた。その都度、林は必ず改善できるとの意見を述べたが、確たる根拠があったわけではなかった。

林は一九七一年九月、ベル研を辞めて帰国した。室温連続発振に成功したほぼ一年後であったが、もともとそう長くアメリカにいる考えはなかったこと、望んでいた半導体の研究もできて、室温連続発振も達成し、ひと区切りついたと感じていたからである。

日本へ戻った林は、日本電気㈱の中央研究所に入った。日電の中央研では、ベル研に遅れること数ヵ月で室温連続発振に成功した南日グループが、すでに半導体レーザの長寿命化研究に入っていた。林もそのなかに入ったのである。

室温連続発振は達成できたものの、半導体レーザはあっという間に劣化した。日立の伊藤らも一九七〇年中にどうやら室温連続発振にこぎ着けたが、できたレーザは非常に短命で、スペクトルをはかっているうちに発振を止めてしまうものが多かった。

国内の各メーカーも状況はほぼ同じであった。初期のころは数分から数一〇分は発振が続いたが、不思議なことにダブルヘテロレーザの作り方になれて上手になり、特性が向上するにつれて、寿命のほうは短くなっていった。極端な場合は、数秒という短命で、その原因がどうしてもつかみきれなかったのである。

林は「マッチの火が消えるのと同じくらいで発振が止まる、という表現があてはまるぐらい、急激に発振出力が小さくなっていくのを眺めながら、何度も途方にくれた」と当時をふり返る。「正直いってどうしたらよいか分からなかった」とも述べている。

半導体レーザの室温連続発振を達成した林にとって、半導体レーザが線香花火のように短命で、現実に使えなければ意味がない。林は劣化問題を解決することが、半導体レーザの研究に着手した研究者の使命だと考えた。

だが、個性の強い研究者たちが、ブレークスルーに挑戦することに最大の価値を見出しているベル研の研究スタイルでは、劣化問題のように地味でコツコツやらなければならない研究については、そう進展が望めないのではないかと林は考えた。

この種の研究は、皆で議論しながら解決策を見出していくという、日本の研究スタイルのほうが合っているのではないかとも思った。日本では半導体レーザの研究が盛り上がってきているとの情報も入っていた。帰国して日本でやったほうが道が開けるのではないか。強いていえば、その時期、林が帰国しようと思った理由の一つでもあった。

日本での半導体レーザの研究は、当初メーカーを中心に進んでいた。

各メーカーの研究者たちは、まず劣化問題を何とかしなければならないと考え、この難問に立ち向かっていた。状況は容易ではなかったが、やがて少しずつ劣化機構を解きほぐし、長寿命化への道を開いていったのである。

その様子を日電中央研の南日グループについて、振り返ってみよう。

そのころ、電子技術総合研究所の電波電子部長であった故桜井健二郎が、光大型プロジェクトを立ち上げ、光集積回路を使ったコンピュータの開発を考えた。それまで通産省主導のプロジェクトは、作ったものを出させるという方針だったが、このプロジェクトは金を出すから研究してくれという考えだった。桜井は現在の光産業技術振興協会をつくるなど、日本のオプトエレクトロニクスの発展に大きく貢献した人物だ。

日本電気の南日グループは、一九七一年の秋、このプロジェクトの研究補助金二年分をはたいて、五、六千万円もする走査型電子顕微鏡（ＳＥＭ）を購入した。

前出の米津宏雄はＳＥＭを使って、東工大にあった透過型電子顕微鏡（ＴＥＭ）と合わせ、半導体レーザの劣化の原因究明に取り組んだ。最初は赤外顕微鏡で劣化部分を観測し、劣化の原因を探ろうとしてスタートしていた。

観測を始めて間もなく、米津はなんとか劣化した半導体の中を覗いてみたいと思った。たまたま電極が剥がれかけた劣化ダイオードがあった。その剥がれた部分を広げ、電流を流しながら、赤外光も捉えることのできるＩＴＶカメラで調べていたところ、一様に光っていた発光部がだんだんと変化し、黒い部分が徐々に広がっている。

そこでＳＥＭで詳しく調べてみると、活性領域のなかで、そこに斜めに走る黒い線ができているのを発見した。黒い線は最初は黒い点として現れ、それが数時間で線状に成長していくのを電子顕微鏡で捉えることができた。

黒い線は、活性層（発光領域）を斜めに横切るようにいくつも並んでおり、劣化の進行と共に数も増加し、ついには発振不能となってしまう。米津はこの黒い線をダークラインと名づけた。ほぼ同じころ、ベル研も電子顕微鏡で黒い線を観測しており、彼らはこれをＤＬＤ（ダークライン・デフェクト、暗線欠陥）として発表した。

このようにして、ダークラインの発生が劣化の原因であることが分かった。

しかし、なぜダークラインが活性層を斜めに横切る形で広がるのかは分からなかった。これはいまでも解明されていない。ＳＥＭでダークラインの中をよく見ると、細い線が途切れることなくつながっていて、転位網となって網の目のように走っている。

問題はダークラインの原因となる、黒い点（ダークスポット）の発生を防ぐことであった。ダークスポットは、結晶の欠陥（転位）〔前章の注を参照〕に電流が流れると黒くなり、ダークラインに発展していくのだ。

欠陥は結晶基板にもともとあるものと、結晶の成長時に発生するものと二つある。ダークラインの発生防止には、欠陥の少ない結晶基板を使い、成長時に欠陥を発生しないようにしていくことが必要と判明した。

■長寿命化への対策

ガリウムひ素とアルミ・ガリウムひ素は、室温で僅かに格子定数〔前章の注を参照〕に差があることから、結晶成長が行われる温度（約八〇〇度）で一致している格子定数も、成長後の室温の状態では僅かな差ができて、それが結晶全体に応力を生じ、それによる歪みが結晶の成長時に欠陥を発生させるという問題があった。

応力による歪みについては、すでに外国の研究論文も出ていた。ヘテロ接合面での熱膨張の違いによる内部応力によって、結晶に歪みが入り欠陥となるのだ。この残留応力が結晶の弱い部分に歪みを生み、欠陥を発生させ、そこに電流が流れると、熱が発生してダークスポットになり、それが急速に広がってダークラインになるのであった。

さらに、南日グループの佐久間は、結晶成長の方法をいろいろ試して、転位の発生を抑える実験を重ねた。そこで分かったことは、ガリウムひ素（GaAs）の上にアルミ・ガリウムひ素（AlGaAs）を成長させると、きれいに成長するが、逆にアルミ・ガリウムひ素の上にガリウムひ素を成長させると、点々と黒い点がでることに気がついた。

よく調べてみると、ガリウムひ素の下になったアルミ・ガリウムひ素の層で、アルミニウムの部分に湿気が入り込み、アルミが酸化されて、ダークスポットの発生原因となっていたのだ。

そこで、上に成長させるガリウムひ素に少量のアルミニウムを混ぜてやると、酸化しなくなって界面がきれいになった。これはどうしてなのか分からなかったが、上の層にアルミニウムを添加してやると、それが急速に酸化されて皮膜を作ってしまうのではないかと考えられた。

いずれにしても、劣化の原因の一つが熱膨張係数の差によって生じる応力による欠陥からのものであれば、ガリウムひ素の熱膨張率をアルミ・ガリウムひ素のそれに近づけてやればよい。

つまり、ガリウムひ素側に少量のアルミを添加してやることだ。

これはガリウムひ素の層に少量のアルミニウムを添加することで、ガリウムひ素層とアルミ・ガリウムひ素層との間の格子定数のずれを補正し、転位（歪み）を減らしてやることにほかならなかった。インターフェイスでの欠陥を取り除く効果があったのだ。

さらに南日グループは、発振構造を放熱特性の良いプレーナーストライプ型にした。発振波長はちょっと短くなったが、一九七三年の一月三〇日から寿命試験を開始し、最終的には六〇〇〇時間まで寿命を延ばすことができた。日電は転位の成長を抑えることに成功し、劣化の問題に一様の目処をつけた。

これを特許にしたあと、一九七三年五月下旬、林がアメリカで開催されたレーザ工学応用会議に出席して発表した。この時、ベル研でも同じ問題を解決したことを知って驚いた。

会議の直前には、活性層の中にアルミニウムを少量加えたウエハーによるレーザは、二七〇〇時間を越えていた。ベル研ではこの時二四〇〇時間で、日電のほうが三〇〇時間長かったことで、長寿命化の第一ラウンドは日電の勝利となった。

■酸素を徹底的に排除する

一方、三菱電機では、日本電気とは違ったアプローチから、徹底的に酸素を排除することで、一九七五年に一万時間を越える長寿命化を達成した。

前章で述べたように一九六七年の暮れ、三菱電機は半導体レーザの研究を中断した。ただ、アルミ・ガリウムひ素を使った発光ダイオードの研究開発は続けていた。

ベル研で室温連続発振が達成された一年後の一九七一年夏、三菱電機では半導体レーザの研究を再開した。石井恂（現・金沢工業大学教授）、波崎博文（現・三菱電機）、萓博文（現・浜松ホトニクス）らでチームをつくり、前出の須崎が適時サポートする形でスタートした。

一九七四（昭和四一）年一月、同グループは世界で初めての単一モード発振レーザ、ＴＪＳ（トランスヴァース・ジャンクション・ストライプ）型レーザを発表した。だが不純物として亜鉛を添加していたことから、寿命が短くて駄目であろうとの声があった。当時、ＲＣＡが不純物の亜鉛を深く拡散すると、寿命が短くなるとの報告をしていたからだ。そこで研究チームは、ＴＪＳレーザの改良研究を進めると共に、長寿命化の問題に入った。

そのころ、半導体レーザの長寿命化については、日電中央研が活性領域のガリウムひ素の中に少量のアルミニウムを入れることで、寿命を数千時間に伸ばしたことが話題になっていた。アルミニウムの添加で、なぜそうなるかという議論が行われていた時期だ。

三菱電機では、レーザダイオードの急速な劣化は、結晶の転位（欠陥）に起因するＤＳＤ（ダークスポット、暗点欠陥）の一部が、動作電流を流すことでＤＬＤ（ダークライン、暗線欠陥）になり、これが急速に広がって、結晶を破壊するのではと推測した。従って、レーザの動作領域内での転位を除去することを第一に考えた。

このＤＳＤやＤＬＤは、ベル研でも透過型顕微鏡（ＳＥＭ）で観測していた。結晶の転位は、もともとの基板にある転位がその上に成長する結晶にまで達した貫通転位と、結晶成長中の途中の界面から発生するものと二つあった。これは光学顕微鏡でも見ることができて、すでに記したように、日本電気の米津らも詳しく調べていた。

三菱電機では、ＤＳＤを減らすことを考えた。それには結晶の品質を良くして、貫通転位を少なくすることが第一であった。このため、基板にある転位を成長層に影響しないよう、逃がしてやることも考えた。さらに、結晶成長時に発生する転位は、成長時に流す雰囲気ガスの中の酸素が原因ではないかと推測した。

急速な劣化をくい止めるには、転位の少ない結晶基板を用いることと、結晶成長に使用する雰囲気ガス中の酸素濃度を減らすことに狙いを定めた。

そこで、まず結晶成長装置や配管に吸着している水分やガスを徹底的に少なくし、大気から入る酸素を排除してやるため、結晶成長装置の改良から取り組み、そのうえで酸素による影響を調べた。

結晶成長中の雰囲気ガスを高純度に保つため、装置内に水素ガスを流しているが、水素ガスの中の残留酸素が成長中の結晶に入り、酸化の原因となって欠陥を生じているのではないかということだ。

そこで、改良結晶成長装置に微量酸素分析機を設置し、酸素の量と転位との相関関係を調べた。酸素分析機で酸素の濃度を測定し、いくつかの条件を設定して、それが結晶にどう影響するかを調べた。その結果、ウエハーの結晶段階で酸素の量を変えてやると、初期劣化の原因となっているDSDが、酸素を減らすことで激減することを突き止めた。

劣化の最大の原因が酸素の影響だとわかり、三菱電機では酸素分析機の酸素検出の限界以下の状態で、結晶を成長させ、一九七五年一月から寿命試験を開始した。一九七六年三月には、一万時間を突破し、引き続き寿命時間を更新していった。

このようにして、酸素が入らないようにすることで、結晶の品質を上げていった。

現在は一平方センチメートルの中に、二〇〇〇から三〇〇〇個ぐらい転位のある基板で、ストライプの幅が二マイクロメートルの活性層の中に、転位が存在する確率はほぼゼロになった。

石井らはアルミニウムを添加することもやってみたが、酸素の濃度を減らしてやることで得られる効果よりも、寿命がそう長くならないことを確認した。

アルミニウムの効果は、酸素や酸化物のゲッターとして働いていることであって、アルミを添加することで転位が少なくなるというのは、経験的なことではないかと説明した。本質的には酸素の除去が第一で、ゲッターとしてアルミの効果を使わなくてもよい状態にして、波長を変えるためにアルミを添加するのが本来の姿であるとしている。

いずれにしても、三菱電機では徹底して酸素の影響を除去することで、長寿命化を達成した。三菱電機の成功は、劣化の原因とみられる転位に着目し、転位の少ない基板を用いること、転位の発生を抑えるため、徹底して酸素を排除したことであった。

■劣化の種類

半導体レーザの劣化は、結晶の欠陥からダークラインが広がって、数時間から数一〇時間で壊れてしまうのが最も大きかったが、このほかにじわじわと劣化するもの、一昼夜で劣化するもの、瞬間的に壊れてしまう三つがあることが、その後の研究で明らかになった。

①数百時間から千時間ぐらいでじわじわ劣化するもの。これはレーザ光の反射面、出口のところが壊れてしまうので、反射面劣化という。結晶を作るとき、窒素のガス（雰囲気ガス）を流すが、その中に僅かに酸素が残っていて、これで反射面の劣化が徐々に進むのだ。出口に酸化保護膜をつけることで、この問題は解決した。

②一昼夜で劣化するもの。放熱体（ヒートシンク）の取り付けで欠陥が発生することに起因する。半導体レーザのチップに取り付ける放熱体は、最初銅を使った。銅をしっかりとチップにつけるのだが、その際銅に二〇〇度ほどの熱を加える。これが冷えると、銅が縮み、結晶が応力を受けて歪む。そこへ電流を流すと、欠陥ができて広がってしまうのだ。このため、ヒートシンクには、結晶とほぼ同じ熱膨張率をもつダイヤモンドが使われた。そのうち熱膨張率の低いシリコンでもできるようになった。

③光学損傷によるもの。これは瞬間的に壊れる。電流を流していくと、光が増していくが、突然光

出力が低下し、壊れてしまう現象だ。反射面劣化とも関係している。これは、結晶の表面の性質が電子にとって良くないことに起因する。電流を流しても、表面近くでは光らないでそこで発熱してしまい、ムダに使われているからだ。反射面近くの活性領域がレーザ光に対して、吸収領域になっている。この吸収領域にレーザ光がくると、そこで光が吸収され、熱が発生し、それがまた光を吸収し、熱発生という繰り返しになり、ついに溶けてしまう。これを光学損傷という。

これはSEMで見て分かった。そこで、反射面近くの活性領域が吸収領域にならないような結晶材料で、透明な領域を作ってやることで解決した。この透明領域は窓構造と呼ばれるようになった。

半導体レーザの長寿命化の問題は、研究室レベルで数万時間を越えたことで、一様の区切りがつき、工場段階へと移っていった。

■発振モードの安定化

長寿命化の問題と並行して浮上してきたのが、キンクと呼ばれる現象であった。動作電流を増やしていくと、比例してレーザ出力もそのまま増加していくのではなく、あるところで折れ曲がりやゆがみが出るという問題であった。したがって、出力を小さくしないと使えなかった。この現象はレーザ発振の横方向の発振モードに起因していた。

ここで、半導体レーザの横モードとか縦モードについて、簡単に説明しておこう。

あとからも述べるが、ダブルヘテロ半導体レーザは、簡単にいえば、真ん中の光の出る半導体（活性層）を種類の違う半導体（ヘテロ）で挟んだ形だ。ヘテロに相当する二枚の食パンで活性層のハムを挟んだサンドイッチと思えばよい（第六章の図8参照）。

サンドイッチの切り口の両端の面には反射鏡があり、レーザは反射鏡を結ぶ線方向に出てくる。この方向を縦方向という。この縦方向に垂直な方向、つまりサンドイッチの厚さ方向（ダブルヘテロ構造になっている方向）が垂直方向だ。

これに対して、食パンの面の広がり方向（横方向）を平行方向という。縦方向の光出力が縦モードの発振スペクトルで、平行方向に出る光が横モードということになる。

レーザの発振電流を増やしていくと、発振は低次のモードから高次モードに移っていくが、その境目でモード競合による乱れが発生する。これが原因でキンクが生じるとみられた。当時各メーカーがそれぞれ悩んでいた問題であったが、あるとき共通の問題として話題になり、明らかになった。

縦方向の発振は、結晶の垂直方向の層の厚みで調整することができるが、横方向は広がりがあって、このままでは横方向の発振モードがいくつも発生し、キンクを引き起こすという問題であった。

前出の伊藤良一によれば、国内の半導体レーザ研究者がなにかの研究会で顔を合わせた際、ある人がキンクに悩まされていると口火を切ったことから、わが社も同じだということで話し合ったという。

伊藤は「このことが日本のレーザの発展を著しく促進したことは、いくら強調しても強調しすぎることはない」と述べているが、「（当時の状況として）一つには光通信の研究に世界に先んじて取り組まされていたことと、それだからフランクに情報交換のできる雰囲気が研究者の間に生まれていたことが重要だった」と、当時を振り返った。

日本の半導体レーザ研究、それも一九七〇年代、ベル研と肩を並べて世界のトップを走っていたころの話だ。真摯な研究者たちが、企業間の壁は壁として、何が問題でその対策に何が必要かということをフランクな態度で話し合う空気が生まれていた。

もちろん企業秘密を話すわけではなかったが、それとは区別し、学会等で発表した学術的な問題について、フリートーキングでよく分からないところを議論しあった。

このような自由に討論する雰囲気は、一九七一年、林が帰国して日本電気に入り、メーカーの研究者たちと交流するうちに自然に生まれた。林がアメリカ流に企業の垣根を越えて、若き研究者たちを議論の場に巻き込んだからだ。

林は当時のメーカーの第一線の半導体研究者とは、一〇歳から二〇歳も年齢が離れていたこともあるが、林の人柄もあって、純粋に研究内容について話し合ったという。

異なった企業に身をおく研究者たちの交流は、当時非常にめずらしく、他の分野ではほとんど見られなかった。当時を体験している前出の米津は、このような交流を林が育てた研究文化と表現、これからの若き研究者たちも、このような研究文化を是非とも引き継いでもらいたいとの希望を述べている。

なお、米津には日本電気で行った研究開発の成果をもとに、『光通信素子工学―発光・受光素子―』(工学図書)という、光通信素子についてのバイブルともいうべき著書がある。半導体レーザを始めとする光素子については、一九七〇年代という、ほぼ一〇年間に研究開発が集中して行われ、基礎的技術が確立された分野だ。

その内容を克明かつ精緻に記述した著書であるが、後続の光素子研究者にとっては、懇切丁寧なガイドブックである。このような著書が現れるということ自体、この時期の半導体レーザ研究が、濃縮されて充実していたことを物語っているのではなかろうか。

話を戻すと、キンクを防ぐには、一つは基本横モードだけで発振できるようにすることであった。その対策はストライプ構造にし、ストライプの幅を狭くすることであった。ストライプ構造（**図9**参照）については後述する。

すでに述べたがダブルヘテロ半導体レーザは、サンドイッチ構造で真ん中の半導体部分を違う種類の半導体で挟み込んだ形だ。真ん中の半導体部分（活性層）に集まった電子やホールが拡散しないよう、別の種類

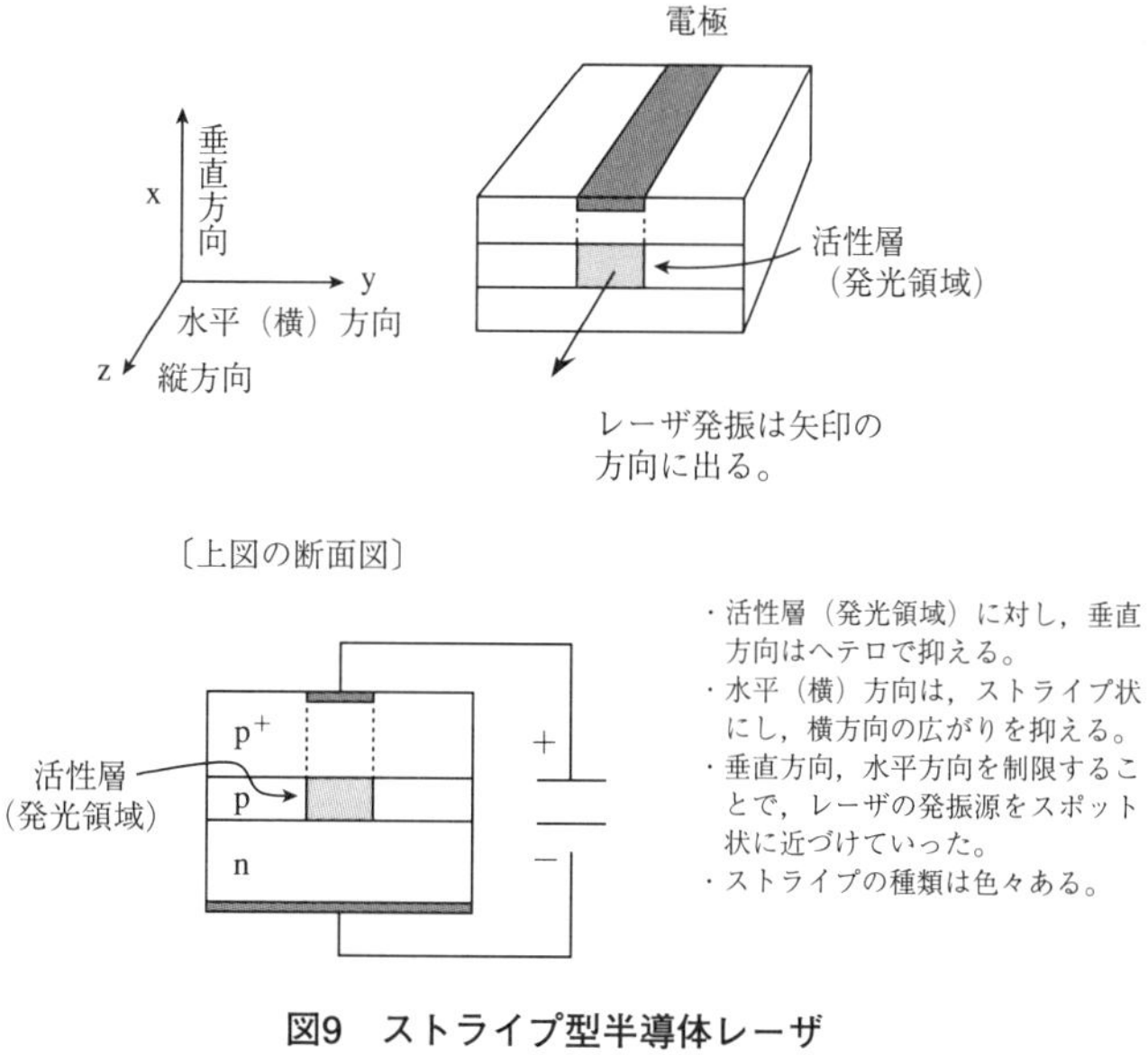

・活性層（発光領域）に対し，垂直方向はヘテロで抑える。
・水平（横）方向は，ストライプ状にし，横方向の広がりを抑える。
・垂直方向，水平方向を制限することで，レーザの発振源をスポット状に近づけていった。
・ストライプの種類は色々ある。

図9　ストライプ型半導体レーザ

の半導体で活性層を上下にはさみ、その間に閉じ込めてしまう。

だが、サンドイッチの状態では、光は厚さ（垂直）方向に閉じ込めることはできるが、横（平行）方向というか食パンの面の広がりに対しては、フリーになっている。この問題はダブルヘテロが考えられる以前から分かっていたのだが、この状態では光は横（平行）方向に広がってしまう。

「縦方向はダブルヘテロで抑えるが、横方向はどうする」であった。

そこで、考えられたのがストライプ構造であった。つまり、サンドイッチのハムをパンと同じ大きさに切って挟むのではなく、ハムをパンの横幅よりも細く切って挟んでやるのだ。ハムの挟んでいないところに光は広がらないという理屈だ。

光が横方向へ広がらないよう抑える方法だった。電流を狭い帯状（ストライプ）の部分に制限するというか、あるいは溝をつくって、電流をその部分だけに流す形を想像すればよい。ストライプ構造にすると、動作電流を下げることができて、かつ横方向の単一モードが可能になる。現在、ストライプの幅は一マイクロメートルから数マイクロメートルだ。

このように、半導体レーザの縦（垂直方向）構造は、ダブルヘテロ構造でほぼ統一されていたが、横（平行）方向は様々なストライプ構造が考案されることになった。

■ストライプ構造半導体レーザ

ストライプ構造は大別して二つある。

一つは利得導波型といわれ、活性層の一部をストライプの幅で制限し、電流をそこだけに流してやる。横モードを制御するタイプであるが、光を横方向に閉じ込めることはやらないので、この型ではキンクを基本的には防げない。

二つめは屈折率導波型で、活性層の横方向にも屈折率の差をつけて、光を左右に広がらないよう閉じ込めてしまう方法だ。横モードはこれによって閉じ込められるので、安定性が向上する。

理想的な半導体レーザの構造は、光ファイバのように、中心部のコア層に相当する丸形の活性層をクラッド層にあたるヘテロ化合物半導体（AlGaAs）で取り囲み、活性層を中心とした円形が最適とされる。

しかし、これは半導体の結晶の成長技術では至難とされていることから、マッチ箱のような形で縦方向にダブルヘテロ構造とし、横方向をストライプ構造で工夫するということになった。横方向は横モードをどう制御するかの問題でもあった。

このストライプ構造は、早くも一九七一年にベル研で考案され、使われていた。だが、これは利得導波型で横モードの安定化が不十分といわれていた。

日本では一九七二年、日立がメサストライプ型レーザを発表した。これはダブルヘテロ構造の上部の一部をメサ型〔注〕にして、電流が活性層の中央部分にだけ流れるようにしたものだ。その幅が一〇マイクロメートルから二〇マイクロメートルという実質的なストライプ構造になっている。

基本モードだけで発振するが、しきい電流（レーザ発振開始電流）が五〇ミリアンペアという、当時としては記録的な低さであった。だが、電流が増加していくとキンクが現れ、横モードがまだ不安定であった。
つづいて日立は一九七四年、メサストライプの側面を完全にアルミ・ガリウムひ素で埋め込んだBH（ベリード・ヘテロ）レーザを発表した。これがなんと一五ミリアンペアという低いしきい電流値であった。

BH構造は、ストライプ構造で横方向も屈折率の高低差をつけ、しかも横方向もダブルヘテロの機能を持たせ、キャリアの閉じ込めも行う屈折率導波型である。丸形の理想形に近づけた構造だが、ストライプの幅が一マイクロメートルから二マイクロメートルと狭く、作り方が難しかった。レーザとしては特性も良く、発振波長が単一波長にしぼることができる。その後、モード安定化の代表的な構造となった。現在、光通信の光源の基本的な構造で、長波長帯で大活躍している。だが、この単一波長性が逆にわざわいし、光ディスクへの応用では戻り光ノイズの発生要因ともなった。

〔注〕
メサ型
半導体の製造技術の一つで、ｐｎ接合を作った後、必要な部分だけをマスクして、ほかを薬品等で除去（エッチング）すると、マスクした部分は台形のような形で残る。メサとはスペイン語で台地を意味する。

同じ一九七四年、キンク問題を解決するレーザが三菱電機より発表された。
前出のＴＪＳ（Transverse Junction Stripe）構造のレーザだ。基本横モードのみで発振する世界で初めての単一モード発振レーザとして登場した。その構造は独特であるが、屈折率導波型だ。しきい電流値も三〇ミリアンペア以下と当時としては最も低く、発表当時、内外の研究者をアッと驚かせた。

これを機に単一モードの開発が始まった。

このTJSレーザは一九七三年ごろ、前出の須崎渉が考えたアイデアを波崎博文、菅博文の二人が開発に成功したものだ。並行して進めていた長寿命化の研究と合わせ、低いしきい値電流と安定した発振モードが特徴であった。

一九七六年、第三回半導体レーザ国際会議が三重県にある〝合歓の里〟で開催された時、須崎はTJSレーザの基本横モードによる、光出力対電流特性がキンクフリーとなることを発表した。

なお、合歓（ネム）の里で開催された第三回半導体レーザ国際会議は、その二年前、米国アトランタでの第二回会議で決まった。当初、日本が手を上げたところ、米国は「日本でやるとお祭り騒ぎになる」として反対した。

会議に出席していた南日は「会議の目的は学者同士が集まって意見を交換し、それが刺激となって研究が進むもので、それは地域にも貢献する。日本は研究者のポテンシャルも上がってきており、それは十分吸収できるようになった」と、研究を受け入れる土壌が日本にすでに出来上がっていると主張し、日本開催が決まったという経緯があった。

日本の力が向上しているというのは、半導体レーザの研究で、西澤や林が世界的にも貢献しているという事実、日本での半導体レーザ研究が世界でもトップクラスになってきたという背景、などを念頭においたものであった。

南日は研究者として、スタンフォードに二回滞在したことがあったし、このあと国連職員という身分で、ブラジルの政府機関の研究所で指導することになる。研究開発についての優れた見識に加え、堪能な語学力も備えており、国際会議でも十分やり合うことのできる、国際性豊かな研究者であった。その後も筑波大学の副学長として活躍した。

合歓の里の会議では、会議が始まる前、メーカーを中心とした若き研究者たちは、蒲郡のホテルに集まって会合を開くなど、オリンピックに出場するような意気込みで国際会議に臨んだという。それだけ、日本の半導体レーザ研究者の、研究に対する意欲と意気込みが高かったことを示している。

当時、ベル研はまだ雲の上の存在だったが、南日も指摘するように、日本も半導体レーザでは力をつけ、一九七五年ごろは研究が最も盛り上がった時期で、ベル研をはじめとする外国勢と十分に対抗できるレベルまで達していたことが、このような雰囲気を生んだものとみられる。

なお、合歓の里での半導体レーザ国際会議では、当時東北大の西澤教授が議長を務めた。

さて、その前の年（一九七五年）、東京電力や関西電力から、光ファイバ通信の実証試験をやりたいという申し入れが日本電気、富士通、日立製作所などのメーカーにあって、各社とも実験用半導体レーザの開発を目指していた。

そのころ、寿命のほうは一万から五万時間と伸びてきたが、キンクの問題はまだ残っていた。また、半導体レーザの出力も大きいことが求められた。大きな出力を小さく絞って使い、できるだけ寿命を延ばそうとしたからだ。日立のBHレーザや三菱電機のTJSレーザはいかんせん出力が小さかった。

日立では、東京電力に納めるレーザ開発に集中していたが、一方でキンクがなく、出力もあって、作りやすく、横モードの安定したレーザの開発を考えた。BHレーザは画期的であったが、作るのが難しく、また出力もそう大きくはとれなかった。

活性層の幅は当初の一〇〇マイクロメートルから一〇～二〇マイクロメートルになってはいたが、これでも波形の安定はまだで、幅が一～二マイクロメートルにして、点光源に近づけないと、基本モードだけで発振するのは難しかった。

そのような中で日立はCSP（チャンネルド・サブストレイト・プレーナー、溝付き基板型）レーザを発表した。このレーザは、活性層自体はストライプ構造ではないが、活性層の下側の基板にエッチングで掘った溝を作って、そこに屈折率差をもたせて、全体としてダブルヘテロ構造としている。活性層は他の層と同じように水平方向に広がっているので、キャリアを閉じ込める型ではないが、屈折率導波型である。したがって、基本モードの発振が得られる。キンクがなく、かなり高出力まで安定した単一横モードの発振が得られ、現在、光ディスク用光源の基本構造となっている。

■DFBレーザの出現と長波長帯レーザの開発

さて、半導体レーザは、活性層の両端に反射面をおくファブリペロー型から出発したが、このタイプは発振波長がふらつき、モードが沢山でる。通信用には単一波長でノイズのないレーザが求められた。

一九七一年、ベル研のコーゲルニックとシャンクの二人は、ファブリペロー型でなく反射面の替わりに回折格子を使ったDFB（ディストリビューテド・フィードバック、分布帰還型）レーザを発表した。これは、ガラスの上にゼラチンの膜をつくり、ゼラチンの中に色素をしみ込ませて、光をあてることでレーザを発振させるという光励起レーザであった。

一九七三年、カリフォルニア大学のヤリフ教授は、ゼラチンの代わりにガリウムひ素を使い、光励起でのDFBレーザの実験を試みた。実験を担当したのが、当時ヤリフ教授のところに、日立から社内留学していた中村道治(現・日立製作所専務取締役技術開発本部長)であった。中村は、ガリウムひ素の上に作った回折格子に光をあて、レーザ発振することに成功した。

従来のファブリ・ペロー型とは違うDFB型半導体レーザの出現であった。

DFBレーザは、光導波路に波長程度の周期をもつ周期構造(回折格子)を導入し、導波路の特性に周波数選択性をもたせることができることから、通信用レーザに向いていた。

中村は帰国後、後にCSPレーザを一緒に考えた相木國男(現・愛知工科大学教授)とともに、DFBのアイデアを電流注入でやることを試みた。一九七四年、DFBレーザの決め手になるpn接合面にギザギザを作り込むことに成功した。

相木は「不思議とうまくできた」と回想する。これはいけるじゃないかということになり、その年の一一月、DFBレーザのパルス発振に成功した。世界初の快挙で、当時かなりの話題になった。翌年の一九七五年一〇月には、アルミ・ガリウムひ素/ガリウムひ素(AlGaAs/GaAs)の結晶で〇・八マイクロメートル帯の室温連続発振を達成した。

DFBレーザは、回折格子となるギザギザの間隔で発振波長が決まり、単一波長の安定した発振が得られる。

一九七六年の合歓の里での国際会議で、日立はＤＦＢレーザで六波長を発振するチップを発表し、世界の研究者たちを驚かせた。発表が終わると、二〇〇〇年度のノーベル物理学賞を受賞したアルフェロフらがやってきて、称賛してくれたという。

だが、当時はファブリペロー型レーザのモード安定化、キンクを防ぎ、寿命を延ばすことが半導体レーザ研究の中心であった。ＤＦＢレーザは作ることが難しいこともあって、研究レベルの話とされ、実用化は遠い先とみられた。

一方、光ファイバの最小損失が、長波長領域の一・三マイクロメートルから一・六マイクロメートル帯にあることが分かり、光ファイバとの整合性から、長波長帯で動作するレーザが求められるようになった。

一九七六年、合歓の里の国際会議で、ＭＩＴのシー（Hsieh）教授が初めてインジウム・ガリウムひ素・リン（InGaAsP）系で、一・一マイクロメートルの長波長帯レーザを発表した。

この発表を機に長波長帯レーザの研究開発に火がついた。

日本では東京工業大学の末松安晴教授（元・東京工業大学学長、現・国立情報学研究所所長）とそのグループを中心に、長波長帯半導体レーザの研究開発が進んだ。

インジウム・ガリウムひ素・リン系半導体レーザは、アルミ・ガリウムひ素系に比べ、結晶に欠陥が入り難く、また欠陥があっても、室温程度では広がらないという特質をもっている。したがって、寿命が長かった。しかも、基本モードで発振し、結晶も壊れない。さらに、長波長帯では、サイズも幾分大きくなるので、作りやすくなるなどの利点が注目され、長波長帯での通信用レーザはＤＦＢレーザが基本となった。

末松らは、ＫＤＤや電電公社武蔵野通研との共同研究で一九七七年、一・三三マイクロメートル帯ＤＦＢレーザの室温連続発振に初めて成功した。さらに、一九八〇年、一・五五マイクロメートル長波長帯レーザで、単一モードで発振するＤＦＢレーザの室温連続発振に世界で初めて成功した。

武蔵野通研では池上徹彦（現・会津大学学長）が中心になって、半導体レーザの研究開発を進めていた。池上も東工大の末松研究室出身であった。ＤＦＢレーザの室温連続発振は至難といわれたが、日電や富士通の協力も得て開発に成功した。

ＤＦＢレーザでは、特定のスペクトルしか発振しないようにするため、超微細プリズムともいえる回折格子を組み込む。この回折格子の開発は微細加工技術を必要とし、これがなかなか難しかったのだ。

一九八二年、電電公社ではこのＤＦＢレーザを使い、ＶＡＤ単一モード型ファイバで、伝送速度四〇〇Ｍｂｐｓ、一〇四キロメートルの無中継伝送に成功した。

なお、話を少し前に戻すと、日立が開発したファブリペロー型の長波長レーザが、アメリカのＡＴ＆Ｔに採用され、最初の大西洋光海底ケーブルに採用された。

日立では動作電流が低いＢＨレーザを活用して、長波長帯レーザを作った。できるだけ点光源に近づけるため、活性層の幅を一～二マイクロメートルにするのが難しかったが、サンプルを作って、発表したりしていた。

一九七九年、ベル研の海底通信システムのグループが日本のメーカーを訪ねてきた。日本の半導体研究の力が向上していたことに注目したのだ。日立にもやってきたので、いろいろ見せたところ、長波長帯のBHレーザに強い関心を示した。そして、海底光ケーブル用半導体レーザの共同開発を持ちかけてきた。これには日立も驚いた。

その後、何回もAT&Tからやってきて、日立は一・三マイクロメートルのファブリペロー型BHレーザのチップを作り、それをAT&Tがパッケージ化した。

一九八一年、大西洋光海底ケーブルTAT—8にこのチップが採用された。TAT—8は世界で最初の海底光回線であった。半導体レーザが本格的に実用化された一番手でもあった。

■光通信技術の新しい展開

一九七〇年代の半ば、半導体レーザの長寿命化に目処がつくと、光通信技術の世界では、半導体レーザの様々な用途に応じた研究開発と、実際の光通信の具体化に向けられた。

このなかで、長波長帯レーザの研究開発でめざましい成果を挙げたのが、前項で紹介した東工大の末松教授とそのグループであった。

末松は伊賀健一（後に東京工業大学教授）らと共に、一九六〇年代前半から光通信関連の研究に入った。末松は本来の意味での通信屋ではなかったが、応用物理学的立場から、光通信システムを構成する光発振源や光伝送路などの研究開発に取り組んだのである。

当初はレンズ列による光導波路やベル研で始まったガスレンズ導波路の研究から入り、半導体レーザの実現で、通信に適した長波長帯半導体レーザの研究に集中するようになった。

長波長帯DFBレーザの開発につづき、末松らは半導体レーザと光導波路とが一体化した集積レーザや光集積回路など、光通信を構成する個々のデバイスのインタフェースに関する技術開発でも成果を挙げ、光通信システムの具体化の面でも貢献した。また、新たな半導体レーザの研究開発にも挑戦し、この中から従来のファブリペロー型とは異なる、独創的な面発光（二次元）半導体レーザが生まれた。

面発光レーザ（VCSEL、バーティカルキャビティ・サーフェスエミッテングレーザ）は、一九七九年、当時東京工業大学の伊賀健一教授によって考案された。

従来の半導体レーザは、半導体の基板面の上にダブルヘテロ構造を結晶成長で作り、レーザ光は基板面に平行な方向に出てくる。これに対して面発光レーザは、基板面に垂直な方向に光が出てくることで、いままでの半導体レーザとは全く異なった、ユニークで独創的なレーザである。大学ならではの研究から生まれたアイデアであった。

従来のファブリペロー型では、劈開作業で鏡面を作製すること、光出力がチップの横から出るなど、量産面での面倒な工程、パッケージの組み立てのやっかいさなどがある。光が面方向から出てくると、これらの問題が解決すること、量産化が容易で、円形ビームが得られるなどの利点がある。

このVCSELは、活性層で発光した光を上下方向の半導体多層膜DBR（**Distributed Bragg Reflector**）ミラーで反射を繰り返し、フィードバックによって発振させる仕組みだ。このミラーの厚さはかなり厚いが、活性層は〇・〇三マイクロメートルから〇・〇五マイクロメートルと薄く、高い端面反射率を実現させせた構造になっている。面発光レーザでは、ＤＢＲミラーが光共振器の定在波を作り、その腹の部分がレーザの出力面になるというメカニズムだ。

面発光レーザの特徴は、しきい電流が低いこと、単一縦モードの発振スペクトルで、発光中心のズレが少なく、寿命が百万時間を越えることだ。一方、出力は五ミリワットと低く、横モードが不安定だ。このため、光ディスクへの応用は難しいともいわれ、通信への応用などが考えられている。いずれにしても、実用性での評価はこれからのようである。

さて、光通信の新しい技術として、日本で生まれたコヒーレント光通信方式がある。

コヒーレント光通信とは、ラジオ受信などで使われているヘテロダイン検波を、光ファイバ通信にも適用した光通信方式だ。一九八〇年、大越孝敬東大教授（当時）によって提唱された。

光ファイバ通信では、〔序〕でみたように、搬送波の光波を入力情報（電気信号）で変調し、光ファイバ伝送路に送り込み、受信側ではこの光波を検波して、元の電気信号を取り出すという構成になっている。電気信号をどのような形でレーザ光に乗せ、受信側でこれを元の電気信号に戻すかという通信方式の問題がある。

現状では、「直接変調（強度変調）・直接検波」と呼ばれる、最も簡便な通信方式が主に使われている。入力情報をデジタル化（電気信号）し、このデジタル信号で直接レーザ光をオン・オフして、レーザ光をパルス列の形で光ファイバ伝送路に送り込む。受信側ではこのレーザ光のパルス列を光検波器に通し、デジタル信号に戻してから元の入力情報を復元するという、ごく初歩的な通信方式であった。この方式は簡単ではあるが、感度が十分にとれず、中継器の間隔が短くなるという欠点があった。

そこで、大越は菊池和朗助教授（現・東京大学教授）らと共に、一九七八年からコヒーレント光通信方式の研究に入った。

ヘテロダイン検波は、受信波を直接検波するのではなく、局部発振器を使って、いったん中間周波数に落とし、そのあと検波するという方式だ。受信波と局部発振周波数との差が中間周波数となる。したがって、中間周波数を固定すれば、局部発振の周波数を変えることで受信波を任意に選ぶことができること、中間周波数の段階でフィルターを通すと雑音を取り除くことが可能となり、受信波の分離に優れた感度のよい通信方式であった。

ここで詳しい説明は省くが、コヒーレント光通信方式にすると、高い受信感度が得られると共に、周波数選択性に優れた光通信が可能になることが分かってきたからである。大越らは最初の研究論文を一九七九年二月に発表した。その後、一九八〇年代に入って、コヒーレント光通信方式の研究は世界的に広がっていく。

大越は元々マイクロ波やミリ波の研究をしていたことから、通信伝送という観点から、最適な光通信方式を求め、コヒーレント光通信の研究に入った。惜しむらくは一九九三年、東大教授を定年退官した一年後に急逝した。まだ、六二歳という若さであった。

エピローグ

二〇××年のある日、東京郊外の住宅街、ＩＴ家のある光景を覗いてみた。

お父さんは二階にある四畳ほどの書斎で、さきほどからテレビ会議に出席していた。役職はあるメーカーの部長であったが、今日は在宅勤務ということで、家にいながらの仕事であった。午前中に電話が入り、急遽会議を招集したのだ。出席者は全部で六人であった。

目の前にあるディスプレーには発言者の顔が写り、スピーカーから発言者の喋っている声が聞こえていた。ディスプレーには小さなカメラとマイクが内蔵され、その前に座ると、その姿をカメラが捉える。会議の出席者はキー操作で任意に出席者を選んで、随時見られる形である。発言者が資料を示すと、画面が切り替わって、資料が表示され、発言者の映像は画面の左隅の小さなウインドウに移った。この資料は即座にコピーをとることもできる。

一方、一階の居間にいるお母さんは、テレビ画面を見ながら、今日の買い物をあれこれと考えていた。パソコンを操作して近くのスーパーを呼び出すと、画面にはスーパーの食品売場が写しだされた。食品別コーナーも選ぶこともできて、値段の表示された特定の品物を画面に大写しすることもできる。さらに、駅の近くの商店街についても、いくつかの店を呼び出すことが可能で、同じように買い物情報を得ることができた。

いざ買い出しに出掛ける前に、今日はどのようなものが売り出されているか、なにが目玉かなどの情報が入手できる。勿論予約もできる。配達もしてくれるので便利だが、実際に見ながらの買い出しという一種の楽しみは、まだ残しておくつもりだ。

二階では大学生で長男の春夫がテレビのサッカー中継を見ながら、一方でシネマライブラリーを呼び出し、数年前に上映されたアメリカのアクションドラマをＤＶＤに収録中であった。ちなみにテレビは、どのチャンネルも光ケーブル経由で受信することが可能であった。

隣の部屋では高校生で娘の桃子が同級生とテレビ電話でお喋りの最中であった。

テレビ会議、テレビ電話、テレビ受信、商店の店先からの映像によるショッピング情報、ライブラリーからの情報収集などなどが同時にできるようになった。これらすべてが電話線に代わって、各家庭に入った一本の光ファイバによって可能となったのだ。


昨今、ＩＴという言葉が流行った。インフォーメーション・テクノロジーということだが、情報通信技術のことをいう。だが、実際のところ情報通信技術は、一八世紀の後半、電気を使った通信が始まったときから存在している。ＩＴが新しいというものではない。

ＩＴということが言われだしたのは、一九九〇年代に入って、アメリカでインターネットが爆発的に普及しだしたことによる。画像や動画まで含めた大量情報を、高速でやりとりできる通信回線が求められ、ゴア前副大統領はスーパーハイウエイ構想を提唱、これを機に情報通信革命が起きるとみられたからである。ＩＴという言葉が情報通信革命のキーワードとされたのだ。

大量データの高速処理に対応した半導体、電子機器類、光ファイバケーブル、複数の光回線を一本の光ケーブルに集約したり分離したりする光合成・分波装置など、光関連諸設備の需要が大幅に伸びるとされたのだ。だが、このＩＴ革命騒ぎ、日本では神風にはならなかった。

ＩＴ革命によって経済再生を夢みた政治家もあったようだが、そうは問屋が卸さなかった。冷静に考えれば、情報通信技術そのものは前からあったわけで、逆にいえば、ＩＴは今後とも人類の生活基盤を構成する必需品として、相当の需要はあるということだ。

経済不況を救うほどの爆発的な需要は起きなかったものの、ユーザーから見れば、ＩＴ革命はこれからである。光通信が一般家庭レベルまで広がって、通信回線全体がブロードバンド化されれば、我々を取り巻く情報通信は大いに様変わりし、正に革命ということになろう。

その重要な変換点が各家庭へ光ファイバケーブルが入ることである。

光ファイバケーブルは、二〇〇一年ごろから、希望すれば各家庭にも引くことができるようになった。だが、実際には一戸あたり一二Ｍｂｐｓ（メガビット／秒）程度の回線スピードで、光ケーブル本来のサービスではない。ＮＴＴによれば、家庭レベルで一〇〇Ｍｂｐｓというブロードバンドの需要はまだ少ないということで、現状では料金を下げて、一〇〇Ｍｂｐｓを最大八戸で分割して使うサービスになっているという。

序章で述べたように、光ケーブルでは、理論的にはテレビ数千万チャンネルを同時に送ることができる。実際には様々な制約があって、広い帯域をマルマル使えるわけではなく、その何百分の一ということになる。広い周波数帯域の中で、情報の伝送に使うことのできる帯域を伝送帯域というが、光ケーブルの場合、現在は数一〇ギガヘルツ（$GHz=10^9Hz$）ということだ。

例えば波長一・五マイクロメートル、周波数では二〇〇テラヘルツ（$200THz=200\times10^{12}Hz$）の光波で、単純な計算をしてみると、アナログテレビ換算で、五、六千チャンネルは可能ということになる。二〇一五年には、もう少し上がっているかも知れない。

ＮＴＴの当初の構想は、二〇一五年完成を目指して進めているＦＴＴＨ計画で、各家庭レベルでのブロードバンド・サービスを実現することにあった。だが、需要とのかねあいから、その実現の見通しがつかないまま、予想される電力会社などの参入への対抗上、要望があれば、直ぐにも家庭に光ファイバを引くという、計画途中での見切り発車となったとみられる。

だが、一般家庭を対象にした、ブロードバンド化した光回線網の実現が、光ファイバ通信の完成であることに変わりはない。

一九八〇年代に入って運用が始まった光回線は、二〇年を経た現在、全国の幹線系、支線系回線のすべての工事が終わり、いまは宅内（家庭）へのサービスを残すだけになった。ＦＴＴＨが完成した場合、想像される情報通信の姿をＩＴ家の例でイメージしてみたが、真の意味での光通信時代の到来はこれからということになる。

一方、情報通信技術の世界では、すでに次なる展開が始まっている。

「ユビキタスの社会」とか「ユビキタスネットワーク」などといわれる技術開発だ。また外来語の登場であるが、〝ユビキタス〟とはラテン語を語源とする宗教用語で、「いたるところ、どこでも（浸透している）」という意味を含んでいるという。現在のパソコンを中心としたITの次なる展開として、「日常生活のあらゆる物の中にコンピュータが組み込まれ、それがネットワーク化されている社会」の実現が、ユビキタスネットワークということのようだ。この新しい情報通信技術の考えを、ユビキタスという短い言葉で比喩的に表そうとした、いま流行りのキーワード的表現であろう。

このユビキタス社会では、身の回りのあらゆる機器類が情報端末として機能し、それらがネットワークに組み込まれ、時と場所を選ばないで、自由に情報通信をやりとりできる。家電製品、自動車、時計、カメラ、自動販売機、自動改札機、ＡＴＭ端末など、われわれが接するあらゆる機器類にセンサーとコンピュータが組み込まれ、それが無線電波や光回線でネットワーク化されて、携帯電話などの個人情報端末で、情報をやりとりするという形だ。

日常生活のあらゆる物の中に組み込まれるコンピュータは、より小さなサイズが要求される。半導体を加工したＭＰＵ（マイクロプロセッサー・ユニット）は極小化が進み、いまや配線の幅がナノメートル（1×10^{-9}m）という単位にまで進んでいる。この超微細加工技術は、ここ二、三年急速に注目を集めるようになった、ナノテクノロジーの主要な開発領域になっている。ユビキタスネットワークの実現は、ナノテクノロジーの世界とも結びついているのだ。

ユビキタスネットワークでは、いわゆる通信という概念を越え、いたるところに設置したセンサーによって、さまざまな情報がいつでも、どこでも得られるということになる。外出時でも住居内の火災、ガス漏れ、水漏れ等の災害、不法侵入者などの有無がわかり、トラブル対応、安全対策などが即座にできる形になる。

だが、「いつでも、どこでも、誰でもが……」という通信技術の夢の実現は、違った角度からみると、「いつでも、どこでも、誰れでも把握できる」という、別な意味で自由が束縛されるという社会におちいるという危険性も含んでいる。

発展をつづける情報通信の将来が、ユビキタスの社会へと導いていくことは、ほぼ間違いないと思われるが、その運用には十分の注意が必要であろう。

あとがき

本書は光ファイバ通信の開拓期に焦点をあて、光通信の実現に力を注いだ研究者、技術者の活躍を中心に、光通信がどのように実現していったか、そのポイントになる研究開発の歴史をたどることに重点をおいて記した。時期的には、一九六〇年代前半に光ファイバ通信が提唱された時から、実際に光ファイバ回線が敷設され始めた一九八〇年代の前半、ちょうど電電公社と電線メーカーとの共同研究が終了した頃までの話である。

光通信技術は、開拓期につづく展開期においても光ファイバ伝送路、半導体レーザの開発で、様々な成果を生み出した。本書では触れなかったが光回線の多重化、光集積回路、光ファイバ増幅器などの研究開発によって、今日の光通信技術はほぼ完成の域に達した。さらに現在は量子井戸レーザなど、新しい光通信技術の研究開発が進んでいる。

光通信の実現には、多くの研究者、技術者が携わったが、本書で紹介できたのは、そのほんの一部の人びとである。だが、多くの方々の力によって、今日の光通信技術があることは断るまでもない。

さて、光通信の基幹技術の開発はほぼ終わったが、光通信としての完成はこれからだ。

エピローグで光通信の将来図の一例をイメージしてみたが、このような姿になるかどうかは別にしても、今後家庭を中心にした情報通信の形態が大きく変わっていくことは間違いない。

光通信は、遠く一九世紀の後半、チンダルが水流の中を光が伝わる現象を発見したことに源を発する。およそ一〇〇年後、光ファイバの登場で光通信が現実となり、ガラスの中を光が自由自在に動き回るようになった。いまや光とガラスは情報通信の主役である。

情報通信技術の世界では、〝ユビキタスネットワーク〟といわれる「いたるところにコンピュータがあって、それがネットワーク化され、何時でも誰もが使うことができる社会」の実現にむけた展開が始まっているが、光通信網はその基盤技術を提供したことになる。

本書で記述したように、光通信の実現では多くの日本人の活躍があった。戦後の荒廃から立ち上がって、目ざましい経済発展を遂げた日本に対し、一時期欧米からは、羨望、妬みを含め、日本は欧米が開発した技術を横取りし、それで儲けているとの批判が出された。だが、光通信技術は日本独自の力によって、世界に大きく貢献した分野の一つである。われわれはそれを誇りとして、心にとめておく必要があろう。

本書の執筆にあたっては、多くの方々にお話を伺うことができた。ただ、せっかくのお話のいくつかは、残念なことに本書に反映することができなかった。ここにそのいくつかの項目を挙げさせていただく。

その一つは光通信が提唱される前の一九六一年、世界初の光ヘテロダイン検波の実験が、稲葉文男東北大名誉教授によって行われたことである。本文で紹介した光通信で使われているコヒーレント光通信の源になるものだが、当時はレーザのもつコヒーレンス性の物理的概念を実証するという考えであった。この実験は光通信の歴史においても見落とすことはできない。

二つ目は元富士通研究所副社長の黒川兼行博士が、ベル研に滞在していた一九七〇年、研究開発部門で最初に光通信の実験を提案したことである。当初ベル研は光ファイバ通信に消極的で、なかなか重い腰をあげようとしなかった。黒川はなんとか上層部を説得し、ようやく実験をやることを了承させたのである。それが契機となってアトランタ実験が行われたのだが、黒川博士のアピールなくしては、アトランタ実験はもっと後になっていたはずだ。

三つ目は光ファイバの規格標準化である。この件ではマルチモード、シングルモードのいずれについても、日本の案が採択されるという結果になった。ここでも日本は世界に大きく貢献している。日本の若き研究者の実績に裏打ちされた活躍があったからである。

さらに日本は光通信の基幹技術のほかにも、光通信を支える線路技術、接続技術、測定技術等の周辺技術についても、多くの成果を挙げた。地味で陽のあたることの少ない周辺技術にも研究者、技術者は全精力を集中し、ここでも世界のトップレベルの成果を残した。特に接続技術などは、他国の追従を許していない。これが四つ目である。

ほかにもいくつかあるが、いずれも本書の構成上と紙幅の関係で、今回は残念ながら割愛せざるを得なかったが、いずれかの機会にご紹介できればと思う。

お話を伺った方々、貴重な資料をお寄せ頂いた方々には紙上を借りて改めて厚くお礼申し上げる。

また、出版にあたってはオプトロニクス社の川尻多加志編集長はじめ、多くの方々のご尽力を頂いた。深く感謝申し上げる。

なお、本書では敬称を省略させていただいた。

〔参考文献〕

一・著書

『独創』半導体研究振興会編（さがみや書店　一九八一年）
『続独創』半導体研究振興会編（さがみや書店　一九八六年）
『オプトエレクトロニクス』西澤潤一（共立出版　一九七七年）
『歴史を変えた物理実験』霜田光一（パリティブックス、丸善㈱　一九九六年）
『レーザーはこうして生まれた』C・H・タウンズ（霜田光一訳、岩波書店　一九九九年）
『光技術揺籃のころ』―先駆者が語る一九六〇年代の表話と裏話―（オプトロニクス社　一九九一年）
『NTT　R&D　の系譜』―実用化研究への情熱の五〇年―（NTTアドバンステクノロジ㈱　一九九九年）
『新・匠の時代―2』内橋克人（サンケイ出版　一九八二年）
『光ファイバの基礎』大越孝敬・岡本勝就・保立和夫（オーム社　一九七七年）
『光通信素子工学―発光・受光素子―』米津宏雄（工学図書　一九八四年）
『半導体レーザー―基礎と応用―』伊藤良一・中村道治（培風館　一九八九年）
『光ファイバ通信入門』末松安晴・伊賀健一（オーム社　一九八九年）
『オプトエレクトロニクス入門』後藤顕也（オーム社　一九九一年）
『光ファイバの話』稲田浩一（ポピュラーサイエンス　裳華房　一九九五年）
『光ファイバ通信』大越孝敬（岩波新書、岩波書店　一九九五年）
『チップに賭けた男たち』ボブ・ジョンストン（安原和美訳、講談社　一九九八年）
『闘う独創の雄・西澤潤一』渋谷　寿（オーム社　一九九九年）
『「光の未来」に賭けた研究者スピリット』勝見　明（ダイヤモンド社　二〇〇一年）
『赤の発見・青の発見』西澤潤一・中村修二（白日社　二〇〇一年）
『年代別科学技術史（第三版）』城阪俊吉（日刊工業新聞社　一九九三年）

『ナノテクノロジー』極微科学とは何か　川合知二（ＰＨＰ新書　二〇〇三年）
『わかる半導体レーザの基礎と応用』平田照二（ＣＱ出版　二〇〇一年）

二、論文、解説文など

「（わが国における）レーザー事始め」霜田光一（『固体物理』第29巻第11号　一九九四年）
「メーザーとレーザーの発明」霜田光一（『電子通信学会誌』第62巻第2号　一九七九年）
「私の研究から見たレーザーの歴史的意義」霜田光一
（物理学史刊行会編『物理学史ノート』第5号　一九九八年）
「光・量子エレクトロニクスの歴史と将来展望」霜田光一（『応用物理』第69巻第8号　二〇〇〇年）
「量子エレクトロニクスの変遷」霜田光一（『日本物理学会誌』第51巻第3号　一九九六年）
「レーザー二〇年」霜田光一
（『レーザーと光技術』別冊サイエンス特集　量子エレクトロニクス、日本経済新聞社　一九八〇年）
「半導体レーザ・その着想から今日まで」西澤潤一（『電子材料』一九七一年一月号）
「半導体接合レーザーの室温ＣＷ発振」佐久間勇ほか（電子通信学会予稿　一九七一年四月）
「半導体レーザーの室温連続発振」南日康夫・米津宏雄（『電子材料』一九七一年二月号）
「半導体レーザー」米津宏雄（『電子材料』一九七三年一一月号）
「GaAsヘテロ構造半導体レーザーの劣化原因について」林厳雄（『電子通信学会誌』第57巻第7号
「GaAs-GaAlAs ＤＨレーザーの寿命」石井恂ほか（電子通信学会予稿　一九七六年三月）
「AlGaAs系ＤＨレーザーの劣化機構」石井恂ほか（『電子通信学会誌』一九七六年一一月）
「GaAs-AlGaAs液相エピタキシャル成長層の欠陥生成への影響」石井恂ほか
（『応用物理』第46巻第1号　一九七七年）
「HETEROSTRUCTURE LASERS」IZUO HAYASHI
（Reprinted from IEEE Transactions on Electron Devices, Vol.ED-31,No.11,Nov 1984）

「半導体レーザーの室温ＣＷは日本でもできたか?」林厳雄（『応用物理』第58巻第4号　一九八九年）
「半導体レーザー開発物語」三菱電機ＬＳＩ研究所編
（日本工業新聞　一九八七年九月二一日付　第一回から各週連載で一〇月二六日付第六回まで）
「半導体レーザー」伊藤良一（『光学』第24巻第8号　一九九五年八月）
「半導体レーザーの基礎」須崎渉（『レーザー研究Ⅰ・Ⅱ』第29巻8号、9号　二〇〇一年）
「私の発言」米津宏雄（『OPLUSE』新技術コミュニケーションズ　一九九七年七月）
「半導体レーザーの夜明け」佐久間勇（『筑波からの光』第一八号　平成六年二月一七日）
「光伝送体セルフォック」小泉健（『レーザー研究』第2巻第2号　一九七四年）
「光ファイバ通信の提案とその後の発展」Ｃ・Ｋ・カオ
（NIKKEI ELECTRONICS BOOKS 1981『エレクトロニクス・イノベーションズ』日経マグロウヒル社）
「電気通信技術開発物語（光ファイバケーブル編、その①〜その⑥）」福富秀雄ほか
（『電気通信』Vol.58,No.585〜588、Vol.59,No.589〜590）
「粘りとひらめき」小山内裕（『ＯＰＴＲＯＮＩＣＳ』〔人物往来10〕一九九一年第八号）
「Early Days of VAD Process」Tatuo Izawa
（IEEE JOURNAL ON SELECTED IN QUANTUM ELECTRONICS,Vol.6,No.6,NOV/DEC 2000）
「光ファイバと光ケーブル」稲田浩一
（日本物理学会公開講座『光通信の科学』日本物理学会編　二〇〇一年一一月一〇日）
「光伝送システムの研究実用化」—ミリ波から光へ—島田禎晉
（電電公社研究実用化報告第38巻第3号　一九八九年）
「高速高帯域通信網を目指して」三木哲也（『NTT R&D』第44巻第5号　一九九五年）
「ミリ波から光技術へ」島田禎晉（『電子通信学会誌』第78巻第11号　一九九五年）
「光伝送システム研究の今昔①」島田禎晉（『OplusE』第23巻第12号　二〇〇一年）
「光通信雑感」喜安善市（『通信公論』一九七六年一一月号、一九七七年一月号、二月号）

【人名索引】

（敬称略）

（注）　本索引では、人名と記載ページは代表的な一ヶ所だけに限定しました。

著者紹介

渋谷　寿（しぶや　ひさし）
サイエンスライター
1963年 東北大学工学部通信工学科卒業，朝日新聞社入社
編集局，制作局，技術本部などで新聞報道技術，制作技術，マルチメディア等の技術開発，システム開発に従事。
定年退職後，執筆活動に入る。
主な著書：「超電導はおもしろい！」，「独創の雄・西澤潤一」（オーム社）など。

光通信物語　- 夢を実現した男たちの軌跡 -

定価（本体1,800円＋税）

平成15年10月16日　第1版第1刷発行
著者　渋谷　寿
発行　㈱オプトロニクス社
〒162-0814
東京都新宿区新小川町5-5 サンケンビル
TEL　(03)3269-3550
FAX　(03)5229-7253
E-mail　editor@optronics.co.jp　（編集）
booksale@optronics.co.jp　（販売）
URL　http://www.optronics.co.jp/
印刷　喜勝印刷㈱

※万一，落丁・乱丁の際にはお取り替えいたします。
ISBN4-902312-00-X　C3055　¥1800E